U0784615

阅

阅读成就思想……

Read to Achieve

· 女性成长系列 ·

把自己的愤怒当回事

写给女性的情绪表达书

[美] 加里 · J. 奥利弗　H. 诺曼 · 赖特 ◎ 著

(Gary J.Oliver)　(H.Norman Wright)

陈璇 ◎ 译

IT'S OKAY TO BE ANGRY

A Woman's Guide to Healthy Emotions

中国人民大学出版社

· 北京 ·

图书在版编目（CIP）数据

把自己的愤怒当回事 ：写给女性的情绪表达书 / (美) 加里·J.奥利弗 (Gary J. Oliver)，(美) H.诺曼·赖特 (H. Norman Wright) 著 ; 陈璇译. -- 北京 ：中国人民大学出版社，2021.9
ISBN 978-7-300-29584-8

Ⅰ. ①把… Ⅱ. ①加… ②H… ③陈… Ⅲ. ①女性—情绪—自我控制—通俗读物 Ⅳ. ①B842.6-49

中国版本图书馆CIP数据核字(2021)第156755号

把自己的愤怒当回事：写给女性的情绪表达书

［美］加里·J.奥利弗（Gary J.Oliver）
H.诺曼·赖特（H. Norman Wright） 著

陈璇 译

Ba Ziji de Fennu Danghuishi：Xiegei Nüxing de Qingxu Biaodashu

出版发行	中国人民大学出版社		
社　址	北京中关村大街 31 号	**邮政编码**	100080
电　话	010-62511242（总编室）		010-62511770（质管部）
	010-82501766（邮购部）		010-62514148（门市部）
	010-62515195（发行公司）		010-62515275（盗版举报）
网　址	http：//www.crup.com.cn		
经　销	新华书店		
印　刷	天津中印联印务有限公司		
规　格	148mm×210mm　32 开本	**版　次**	2021 年 9 月第 1 版
印　张	7.25　插页 1	**印　次**	2023 年 11 月第 3 次印刷
字　数	160 000	**定　价**	59.00 元

推荐序

It's Okay to Be Angry

对于如何处理愤怒这种反复无常的情绪，我们一直都很困惑。我们总是听到周围的人说，愤怒的时候要么忍气吞声，要么大发雷霆。但事实上，这两种行为最终的结果都不是我们想要的。而且，即便有理由愤怒，作为女性，我们也并不是真的想与谁争斗，我们只是一心求胜！不过很多时候，“胜利”了又能怎样？失去了爱情，失去了美好的生活；朋友与我们形同陌路，孩子和爱人也离我们而去；我们的健康受到了伤害，情绪也一落千丈。我们从未如此迫切地希望大家能够谅解这种叫作愤怒的情绪。

有些女性总是对一些自己无力解决的关于愤怒情绪的问题而痛苦纠结，这样的后果很可能会是，她们要么把自己最想要亲近的人推开，要么把愤怒发泄到自己身上。这两种结果我都曾经历过。

我曾经是一位全职妈妈，那时我的三个儿子都还不到五岁。机缘巧合，我有幸拜读了 H. 诺曼·赖特和加里·J. 奥利弗两位男士共同撰写的这本书，这是我读过的第一本关于愤怒的书。在阅读这本书之前，我非常渴望能在书中找到一些有用的东西来引导我把所有事情都做好，当然也包括照顾好我的孩子们。但事与愿违，我每天都把自己搞得筋疲力尽，脑子里总琢磨着今天还有哪些事情自己没做好。记得有天晚上，我抱着这本书爬上了床，认真地读了起来，希望能从书中汲取一些人生智慧。读了一会儿，我突然看到了这样一个问题：作为父母，我们应该为孩子设立怎样的目标？我开始快速地思考，希望能尽快想到答案。“这个问题我一定可以正确回答！”我自言自语。当我在纸上洋洋洒洒地列了一大串内容后，我感觉特别满意，于是翻过书来验证我的答案是否正确。在读完答案之后，我真的被震撼到了。书中的答案既简单又深刻，我至今对上面的每一个字仍记忆犹新。现在，我已经有了第四个孩子，前面三个孩子都已经长成了十几岁的少年。而当年那个问题的答案至今还在指引着我。

我相信你们在读这本书的时候也会和我有一样的感受。是时候去治愈女性心中的创伤了，无论是在垂暮之年还是豆蔻年华，你心中都会有伤痛。无论是那些被过去的伤痛困扰牵绊的母亲，还是那些重蹈母亲覆辙的女儿，是时候让她们感受慈悲与爱了。我们需要用一些技巧来武装自己，我们要走出羞耻与自责的旋涡，去寻找一条自我救赎与自我激励的光明大道。我祈祷，愤怒这种消极情绪不会再代代相传。我们要向我们的儿女们传递更多积极的、有价值的东西。

所以，我鼓励大家阅读这本书。这本书通过一系列细致又深刻的方法为我们创造了一个无比安全的港湾，引导我们深入问题的根源，从而找到真正能够解脱烦恼的自由之路。

莉萨·贝弗雷（Lisa Bevere）

演说家

《无可匹敌》（*Without Rival*）、《坚如磐石》（*Adamant*）的作者

前言

It's Okay to Be Angry

我们俩是 30 多年的好朋友了，经常在一起钓鱼。我们发现，钓鱼的时候往往是我们最高兴，也是最有创造力的时候。鱼没上钩时，我们经常会讨论如何让那些向我们寻求心理咨询的人得到更多帮助。

为了帮助女性更好地认识到合理地表达愤怒对其个人健康和人际关系所产生的影响，我们发现确实有写这样一本书的必要。前来向我们咨询的人大多数是女性，而且其中很多女性在和自己的某种情绪做斗争，而这种情绪在她们周围的人看来是不应该有的。对于这种情绪，她们的丈夫以及她们身边的其他男性可以有，她们的孩子也可以有，唯独她们自己不能有。当然，这里的“这种情绪”指的就是愤怒。

我们之前曾无数次谈到要写一本关于女性和愤怒的书。唯一的问题是我们两人都是男性。我们觉得，两名男性写这样一本书，说得好听点是过分自信，说得不好听点可能就变成性别歧视和狂妄自大了。

然而，在我们举办的各种学术研讨会上，前来向我们咨询心理问题的人绝大多数是女性，同时也是这些女性鼓励我们写了这本书。我们调查了 3000 多名来自全美各地的各个年龄段的女性，包括全美知名的女性领导者。我们调查的目的是进一步了解女性和愤怒。在调查的过程中，大家（包括一些男性）一直在鼓励我们撰写关于这个话题的书。所以，我们很高兴他们的愿望最终能得以实现，这本书终于面世了。很多书在出版的第一年就停止销售了，但我们的这本书已经连续销售了近十年。现在，我们很高兴为新时代的女性推出这本书的全新修订版。

这本书还吸引了很多男性读者，这让我们感到特别惊喜。没错，是男性读者。他们告诉我们，这本书是他们迄今为止读过的最有用的“制怒宝典”。因为我们这本书，这些男性能更好地了解自己的妻子和女儿，与她们的沟通也比以前有效多了。在最初撰写这本书时，我们并没有考虑到会有男性读者阅读。但在听了那么多来自男性，主要是我们在“守约者”（Promise Keepers）活动中遇到的男性的积极反馈后，我们用全新的眼光重新回顾了这本书，发现了男性阅读这本书的实际价值。因此，如果你是位男性读者，你想知道这本书是否有助于你了解生活中的女性，那么答案是肯定的！

这本书也吸引了很多母亲读者，这同样让我们感到惊喜。母亲读过这本书后也会给自己的女儿买一本。很多母亲写信或当面告诉我们，和女儿一起阅读这本书，能让她们有机会教女儿如何意识到自己的愤怒情绪，当然她们也会告诉女儿书上介绍的这些实用方法和技巧恰恰是她们在青少年时期曾迫切希望拥有的。有几位母亲说，因为她们和女儿一起阅读这本书，所以她们能更有效地教导女儿正确认识愤怒，这比单纯地讲道理有用多了。要知道，在青少年阶段，讲道理是最无效的沟通方式了。因此，如果你是一位母亲，急于和女儿建立良好的沟通关系，那么这本书将会是一个非常好的起点。

我们发现，这本书已经让许多读者明白：合理地表达愤怒与不合理地表达愤怒是有区别的，并不是所有愤怒都是有害的。愤怒是一种与生俱来的情绪，合理地表达愤怒实际上能让我们更有效地处理生活中遇到的问题，并维持良好的人际关系。我们希望愤怒这种强大的情绪能以其积极的、治愈的一面为所有阅读此修订版的读者带来希望和力量，我们希望所有的女性都可以合理地、正确地表达愤怒，愤怒再也不会成为女性们“被禁止的情绪”！

目 录

It's Okay to Be Angry

第 1 章

愤怒是朋友还是敌人

It's Okay to Be

Angry

A Woman's Guide to Healthy Emotions

H. 诺曼·赖特

我们曾邀请 2400 多名女性参与一项调查，内容涉及补全“当愤怒的时候，我……”这个句子，以下是其中最典型的一些回答：

当愤怒的时候，我：

- 通常把愤怒埋藏心底，任其聚积，直到我承受不住为止。
- 不会马上表露出来。我会理性地思考当时的情况，或者认真思忖自己愤怒的原因，以及我这样愤怒是否有用。
- 说起话来变得尖酸刻薄。我希望有人能主动问我发生了什么事。
- 发现自己很容易忍气吞声，然后变得很郁闷。
- 心里很恼火，对人很凶。我确实会用言语表达愤怒，我会变得暴躁、不耐烦。
- 能把自己逼疯。
- 会变丑。我如果碰巧路过镜子，就会惊讶地发现自己看起来非常惹人厌。我想说些话回击那些伤害我的人，希望他们后悔伤害了我，但接着我会为自己的自私而感到后悔。
- 可能会更加消极。一般我会沉默不语，不过我知道那不对。
- 会尖叫，然后哭出来。
- 会为自己有愤怒的感觉感到难过，然后会失去耐心。
- 会失控、发脾气，之后又会后悔自己的所作所为。我会在失控、发脾气时恨自己那么做，但似乎又停不下来。

- 要么变得一言不发，要么像疯子一样撒泼；要么激动地表达自己的愤怒，不过会克制一下。
- 会撞墙，扔东西，说些让自己后悔的话，摔门。
- 会大吼大叫，还想打人。
- 会将情绪内部消化，然后又会感到很内疚。
- 会一走了之，任由愤怒在心底慢慢发酵。
- 会把对方拉到一边，然后心平气和地与其讨论。

愤怒难道不是一种奇怪且令人费解的情绪吗？愤怒是一个信号，这个信号不像批量邮寄的明信片，随便可以忽略掉。这种情绪更像一封特快专递，专门告诉你：你正在遭受伤害；你的权力正在被践踏；你正生活在恐惧中；你很挫败，或者你一直在忽视生命中某些重要的事情。你感到愤怒，可能是因为你一直费尽心思地取悦他人，却忽略了自己；可能是因为别人过于宠爱你，让你觉得自己变得更加独立的成长机会被剥夺了。

在你成长的过程中，有人教过你如何理解愤怒吗？你的父母有没有过跟你坐在一起，对你说“让我来给你讲讲愤怒”？

谁教你学会了发怒

调查中，我们曾提过这样一个问题：谁教你学会了发怒？以下是其中一些答案：

- 父母。我父亲不轻易发怒，不过他一旦发怒会更加可怕。而对我母亲来说，愤怒更是家常便饭。
- 天生的。不觉得需要别人教。
- 我自己。我通过观察我姐姐和母亲，有时也通过观察我父亲学会了发怒，因为他会积攒（很多年）情绪，直到某一天这些情绪爆发。

- 我的家庭教过我如何不发怒，但我希望有人能指引我并教会我如何发怒。
- 一段让人心力交瘁的婚姻让我充满了愤怒。丈夫总是什么都不管，把所有责任丢给我，我的许多愤怒都来自他这样的男性。
- 某本讨论正义与邪恶的书。
- 没人教我学会发怒。我认为愤怒是一种自然而然的情绪。

尽管你想改善自己的人际关系、修正生活中所犯的错误，但有没有人告诉过你可以通过发怒来实现？在你成长的过程中，可能没人这样告诉你。如果你和其他许多女性一样，那么你可能听过这些话："别捣乱，做个和事佬，你得相夫教子，也不要对男人发脾气，不然会吓走他。"研究表明，这类信息普遍存在于我们的文化中。男性发泄愤怒经常被视为有男人味，即当男性拳脚相向或用肢体发泄愤怒时，通常被视为有男子气概。但对女性来说，人们不鼓励她们发泄愤怒。女性得到的信息通常是，愤怒是令人不快的、没有女人味的。

因为对女性发怒的限制太多，所以许多女性甚至很难意识到自己发怒了。当女性在表达愤怒时，我曾多次听到"她只是失去理智了"这句话，好像这是个能解释愤怒情绪的标签一样。

在过去几十年里，只要女性发怒，就会被认为没有女人味，通常还会被人用贬损的语言描述。有人把发怒的女性比作"悍妇""河东狮吼""男人婆"等，"泼妇""话痨"等词语也被用来描述愤怒的女性。黛博拉·考克斯（Deborah Cox）在其与人合著的《女性的愤怒》（*Women's Anger*）一书中，引用了这样一段对话：一位研究人员询问一群女孩："你们愤怒的时候是什么样子的？"女孩们回答："丑陋。"

通常，女性会间接地表达自己的愤怒。这些间接形式可能包括痛苦、受伤或生闷气，所有这些形式都符合女性和善的形象。但是由于其真实感受、希望、欲望和梦想受到践踏，讨好型的人就会选择积攒愤怒。多年来，我和许多寻求咨询服务的女性交谈过，她们都有过这种经历。她们说："我真的不太会发怒，但是我很容易感到内疚。至少内疚的时候，我是唯一会受伤的人。"但这也不是真的，因为内疚会导致愤怒——不管你愿不愿意，愤怒总会以这样或那样的方式找到发泄口。

家庭和工作中的愤怒

引发女性的愤怒的原因有很多。可能是因为女性觉得自己必须达到男性的期望，而男性的期望就是希望女性不要太过强大和独立，希望女性听他们的话；可能是因为女性在会议上发表意见时没有得到重视，或者被要求在会议上做记录或端咖啡；可能是因为女性不得不忍受男性对她们的普遍的无礼和排斥。我曾多次在电话交谈中，甚至是在我的办公室里注意到类似的情况：一名男性在电话里对我的一个女秘书很无礼，但他不会用同样的方式跟我说话。当我向他问及此事后，他下次打电话给我秘书的态度就大不相同了。此外，对于同一件事，男性投诉时得到的反馈会比女性投诉时得到的反馈多很多，由此也可以看出人们对待男性和女性的方式存在差异。

男性给女性贴标签也会引发女性的愤怒。男性可能说："她只是想发泄一下，会冷静下来的。"也可能贬损道："她的生理期又到了，是时候躲她几天了。"类似的标签都会惹怒女性。

许多女性会对自己的处境感到无能为力，所以她们开始责备别人，可是只要有责备就会引发愤怒。除此之外，恐惧也是引发愤怒的主要原因之一。事实上，女性觉得我们所处的社会已经变得越来越不安全了，我们也可以看到她们越来越容易愤怒。我朋友的女儿有一次差点被强奸；我妻子和已经成年的女儿只要外出就会带上防狼喷雾，我妻子晚上也不会去某些危险的地方。我给性侵受害者做过心理咨询，曾亲眼看见她们对自己所遭遇的事情感到非常恐惧和愤怒。

我们在家庭和工作环境中更容易发怒。在家里，大多数愤怒源于家庭负担的分配不均。比起男性，外出工作的女性每周还必须花费很多时间做家务，并且男女双方之所以感到愤怒，是因为双方都觉得伴侣对自己的付出毫无感激之心。在工作中，女性还要继续面对这样一个事实：在某些专业领域，她们付出和男性搭档同样的努力，赚得却比他们少。不过幸运的是，还有很多专业领域，性别并不是很重要。

引起女性愤怒的原因不仅仅是这些不同形式的社会不公。在全美范围的问卷调查中，我们向受访女性提出了一个问题："哪些因素会让你更容易发怒？"我们给受访者留出了四个空格，以便她们列出答案（答案不按重要程度排序）。

722 份调查问卷对该问题进行了回答，我们发现：

- 48% 的女性提到了疲劳；
- 28% 的女性提到了压力；
- 20% 的女性提到了不公；
- 14% 的女性提到了孩子；
- 13% 的女性提到了经前综合征（PMS）；
- 11% 的女性提到了疼痛或疾病；
- 9% 的女性表示感到失控或无助时会发怒；
- 8% 的女性认为愤怒源于挫败感；
- 7% 的女性认为与丈夫存在沟通问题会引发愤怒；
- 7% 的女性认为易怒是一种精神问题。

愤怒的被动攻击型表达

表达愤怒时有一种特别不合适的方法叫作被动攻击型表达，也就是变相地用另一种方式来表达愤怒。有些人很擅长这种表达方式，他们可能意识到了自己在发怒，也可能意识不到，但不论是否意识到了，他们都会准确无误地传达自己的愤怒，而且是间接传达。他们可能会打着提出批评意见的幌子发泄情绪，也可能选择隐忍不发，将愤恨伪装起来。一旦受到质问，他们就声称自己是无辜的。

如果你也属于被动攻击型表达者，那么你会采取怎样特别的回应方式呢？

被动攻击型表达者表达愤怒时选择的策略之一是拖延自己发泄愤怒的时间。还有，为了掩饰内心的愤怒，他们还会推卸责任或延迟为其他人做事的时间。后者和愤怒的联系不是很明显，别人很难将其定义为愤怒，所以感觉比较安全。对被动攻击型表达者来说，被人说“不负责任”或“懒惰”要比被贴上“易怒”的标签舒服得多。

倔强是另一种表达愤怒的方式，遗忘和逃避也是，这些行为通常反映出你不敢公开表达愤怒。

尽管社会对女性表达情绪的接受度越来越高，但许多女性依然选择隐藏愤怒。

遗忘也可以被用来表达愤怒，这种方式很好用，因为你可以把责任推到别人身上。“你确定问过我吗？”“你确定那是我们约定的时间吗？”“很抱歉让你在雨里等着，但我确定你说的是十点半来接你，不是十点。唉，不管怎样，到家先换上干衣服再说吧。”当被动攻击型表达者说出类似的话时，其他人就会开始怀疑自己。到头来他们也觉得自己有责任，但事实是他们已经被套路了。

你还可以怎样间接地表达愤怒？用完你爱人的车，把车上弄得一团糟，油箱也空着，也不熄火；交煤气费时，开了支票，却忘记将支票和账单一起寄给煤气公司，结果煤气公司给你爱人打电话的时候语气很不好；你可以从你爱人的钱包里拿钱，却不让他知道；你还可以当别人在看最喜欢的节目时，把频道调成自己想看的。这些都属于被动攻击型表达。

讽刺是另一种表达愤怒的“好”方法，能同时传递赞美和贬损两种信息。比如：“你看起来真年轻，我都认不出你了。”“你的新西装有点花哨，不过我喜欢。”

我看过一些被动攻击型表达者在愤怒的时候表现得好像连最简单的话都听不懂。尽管他们脸上挂着一丝微笑或无意流露出傻笑，但你通常没办法和他们对质，因为他们会装无辜。如果你再继续问他们是不是很愤怒，他们可能会回答：“我是谁呀？我一点儿都不愤怒！”到头来，你会怀疑有问题的人是你自己。

很多女性会想：“我如果发怒了，会变成攻击型的人吗？”我觉得不会。多年来，我们一直把愤怒和攻击联系在一起。但实际上，愤怒和攻击之间的联系并不像愤怒和责备那么紧密。当我们明白对方为什么会愤怒和攻击时，往往不会那么愤怒，这在重要的人际关系中尤为明显。当缺少责备对象时，你会愤怒吗？一般不会！

愤怒是一种保护手段和防御手段

愤怒还有一个特征，就是它可以作为一种保护手段和防御手段。这个特征经常被忽视，但此时可能正影响着你的生活。当愤怒引起的荷尔蒙变化开始发挥作用时，你会发现利用愤怒可以更好地保护自己。为什么这么说呢？

愤怒给人一种被激励的感觉。愤怒的时候，你不会怀疑自己，你觉得自己精力充沛，可以应付麻烦事。愤怒就是你动员自己的新的力量源泉。

愤怒可以帮助大家消除恐惧和内疚。愤怒往往会驱散让你觉得约束的感受。除非转而把愤怒发泄到自己身上，否则你就会被迫攻击他人。

愤怒有助于让人专注自我需求，而非他人需求。你的痛苦和需求才是焦点，其他人的不是。你确信自己是对的，而愤怒强化了这种信念。这就是为什么一些人会对愤怒上瘾，因为他们在其他时候不会有这种感受。

我们觉得举例最能说明如何把愤怒当作防御手段。

- **用愤怒减轻内疚感带来的痛苦。**你熟悉内疚感吗？如果熟悉，你就知道这种感受有多不舒服。为了减轻内疚感带来的痛苦并抵御这种痛苦，对于别人让我们感到内疚的事情，我们可以发怒。不过这种方法治标不治本。
- **用愤怒抵御伤害。**我们可能会因别人的恶言恶语、排斥或不公平对待而感到很受伤，而发泄愤怒能掩盖内心的伤痛。
- **用愤怒掩盖失落。**我曾看到人们会在儿女去外地上大学或工作时、朋友搬家时表现出愤怒。当爱人逝世时，人们也经常会表现出愤怒。因为当我们对某些事感到失落时，我们就会故意找碴儿责备别人，沉浸在自己所经受的伤痛中，看不到对方当时的心情。
- **用愤怒抵御困扰和无助。**为了给孩子们买背带裤，你可能正在加班。你不知道要加多久的班，不知道买裤子要花多少钱，你在这份单调乏味的工作上已经耗了两年。你别无选择，只能坚持到底，所以你开始想，孩子们甚至对自己所得到的东西丝毫没有感激之情，你觉得自己精疲力竭，也没有独处的时间。所以，你发现越来越多的事情会让你发怒，在这种情况下，和孩子们发生争吵也就不足为奇了。孩子们则会认为你太挑剔，你可能是很挑剔，但这是你摆脱困扰的发泄口。

- **用愤怒抵御恐惧。**你可能曾看到别人用愤怒抵御恐惧，或是自己经历过这种情况。比如，当孩子跑到街上时，恐惧驱使母亲跑到街上，在汽车前抓住孩子，她一边大吼大叫，一边打孩子屁股，这是她在用愤怒掩盖自己差点失去孩子的恐惧。

用愤怒抵御痛苦很正常。但当我们发怒到习以为常的地步，或者当愤怒的频率和强烈程度开始影响我们自身及人际关系时，问题就发生了。

愤怒会让人上瘾。在很长一段时间内，愤怒上瘾者把愤怒当作一种防御手段，因为他们没有其他回应方式。没有愤怒的冲动，他们会感到空虚，而这也是愤怒的负面影响。有时候，把愤怒作为防御手段的人很难摆脱这种情绪，特别是当他们发现发怒比感到恐惧、痛苦、内疚或空虚更轻松的时候。

上瘾只是暂时让我们感觉很舒服，但不能帮助我们解决所面临的问题。在我们面对直接威胁的情况下，发怒可能很合适、很有用，但习惯性、成瘾性的愤怒可能让我们找不到任何可以解决问题的恰当方式。

愤怒对你的影响

如果愤怒能帮助我们减轻痛苦，那么我们为什么还要去应对最初的痛苦，并去追查痛苦的原因呢？这是因为如果我们想要自己的人生变得更完整，就必须面对最初的问题并找到痛苦的根源，这一点至关重要。

愤怒使你无法面对内心的恐惧

愤怒会让你无法区分制造恐惧的真正威胁和潜在威胁，你会因此变得自欺欺人、刻意逃避负面信息，这些信息可能是你从父母或生活中的其他重要他人身上学到的浅薄经验。你可能一直用愤怒掩盖这种不时在你头脑中响起的自我批评的声音，但是愤怒难道会帮你解决这个问题，让你从此不再自我批评吗？一般不会！

愤怒使你更内疚

一旦你把愤怒作为防御手段，你就永远找不到自己内疚的真正原因了。你之所以感到内疚，既可能是因为受到错误观念的引导，也可能是因为你把满足自我需求放在了首位，没有按照自己的价值体系生活。当你知道你违背了自己的价值观时，你就会对自己发脾气，但这阻止不了你继续一次又一次地重蹈覆辙。

愤怒使你更悲痛

我曾多次看到有人因失去生命中的重要事物而愤怒，而愤怒又让悲痛持续的时间延长。愤怒让人无法对失去的一切说再见，它会让人不断回想起在人际关系中受到的伤害、不公平对待以及听到的恶言恶语，而这只会让人更痛苦、更内疚、更失落。

愤怒阻碍人与人之间的沟通

我很少遇到愤怒的人能说清楚自己愤怒时承受着什么样的痛苦。如果你说不出自己哪里受到了伤害，那么别人怎么能知道你在经受何种困扰呢？如果不让他们知道自己的哪些言行伤害了你，那他们怎么能有所改变呢？

愤怒让你觉得自己是受害者

尽管愤怒让你充满了力量，但你还是会感到很无助，因为愤怒并不能帮你解决问题。当你只顾着通过责备他人来捍卫自己时，你就没办法集中精力去解决一开始遇到的问题。

> 所有这些观点并不是说你任何时候都不该发怒。恰恰相反，适时地发怒有时反而会帮助你解决问题。只是因为你把愤怒当成了自己最主要的防御手段，愤怒才会变成一个难题。

所有这些观点并不是说你在任何时候都不该发怒。恰恰相反，适时地发怒有时反而会帮助你解决问题。只是因为你把愤怒当成了自己最主要的防御手段，愤怒才会变成一个难题。你担心的每件事情、争论的每个问题都有解决办法，但愤怒通常让你找不到解决办法。

无声之痛

如果女性内心的愤怒总是不为人知、不被承认、无人理睬，那么愤怒就会变成一个不速之客，继续影响你的生活。1992 年出版的《无声之痛》(*Silent Pain*) 是写给女性的，书中提到的“无声之痛”是指“被淹没的悲伤或内心深处的悲痛”。这种痛苦总是被埋藏在心底，让生活变得寡淡无味；这种痛苦能反映出女性内心深处久未实现的愿望、对人际关系的失望以及久未愈合的伤口。

产生无声之痛的原因有很多，可能是因为过去残留的悲痛从未得到解决。多年前，在给别人做心理咨询时，我一般会问对方这样一个问题：在你的一生之中，有没有什么事让你感到特别悲痛？大多数人提到他们会因失去生命中的一些重要东西而感到悲痛不已。事实上，每次重大损失背后都有愤怒的情绪残留。

产生无声之痛也可能是因为你现在的处境让你想起了过去的某些痛苦经历，但你没办法放开自我与人倾诉。你为这种挥之不去的痛苦而感到愤怒，但愤怒过后，你依然无法向人诉说。

产生无声之痛还可能与你的羞耻感有关，你为过去或当前所犯下的错而感到羞耻。你心中的错可能是真实存在的，但更有可能是你想象出来的。你认为自己的所作所为大错特错，不可饶恕，所以你活在痛苦之中。持续的愤怒可能会让你感到不公，这也会加剧你潜藏在心底的愤怒。

隐藏任何情绪都会让你失去一些东西。比如，当你隐藏悲伤、不允许自己伤感时，你就意识不到自己其实需要安慰；当你隐藏愤怒时，你就无法知道愤怒到底想告诉你什么。如果你选择隐藏情绪，那么你还可能制造出女性的另一个天敌——抑郁。相比男性，抑郁在女性中更为常见。

当不愉快的事情发生后，有些女性要在很长一段时间之后才会感到愤怒，但引发愤怒的导火索已经点燃。不论她们是否愿意，不愉快的事情都已经发生了，造成不愉快的人或事都已经无法做出改变了，负能量已经在她们的心底蔓延了。那么，这些负能量会给她们带来什么呢？它们最终又会被传递到谁那里呢？

愤怒和抑郁的关系

在很多情况下，愤怒会引发抑郁。

女性为什么比男性更容易抑郁？在某个相同的阶段，女性患上严重临床抑郁症的概率是四分之一，而男性为八分之一，这是为什么呢？美国心理学协会 1990 年的一项研究表明，女性之所以比男性更容易抑郁，并不是因为女性更愿意分享感受、更喜欢抱怨或寻求心理咨询；相反，是因为女性没有对抗抑郁的文化习惯。抑郁还会引起连锁反应。女性容易抑郁可能是因为她们很被动、喜欢依赖别人，容易将这两个特点与女人味混淆，从而在承认、面对和解决愤怒时犹豫不决。社会允许男性发怒，却不允许女性发怒，这让许多女性觉得有必要压制自己的愤怒。由于受到压制的愤怒并不会消失，因此越压制，女性就越容易发怒。愤怒反过来又会引发抑郁，因为受到压制的愤怒往往会转化成抑郁。在后面的章节中，我们将会对抑郁展开详细的讨论。

不幸的是，很多女性从小就学会了这种压制愤怒的模式。任何存在父母离异、酗酒、家暴或完美主义等现象的家庭都属于功能不全家庭。在这些家庭中长大的女性，其情绪表达会受到阻碍。其中有两点需要注意：一是父女之间发生的事情是影响女性情绪表达的关键因素；二是任何形式的遗弃都会造成伤害，情感上的疏离、单亲或父母离异等都属于遗弃。

从小就学会了压抑情绪是女性深陷痛苦的原因之一。有些人认为，她们之所以痛苦并不是因为生活中的痛苦经历，而是因为沉默。因为她们遭遇的这些痛苦无法与人诉说。我在做咨询时遇到过这样的案例：几位三四十岁的女性压抑了几十年的愤怒终于得以释放，她们开始直面愤怒情绪。看到她们发生这样的转变，我感到非常开心。当女性发泄情绪，尤其是发泄愤怒情绪时，她们会感到身体里似乎被注入了一种新的能量。

应对愤怒的积极方式

对于愤怒，你能怎么应对？首先，请接纳愤怒，打破压抑模式。愤怒给你传递了一个信息：愤怒是有原因的。

所以，我们要找出愤怒的原因。每次让你愤怒的真正原因是什么？每当愤怒的时候，根据当时的情况或遭遇，问问自己："是什么困扰着我？我想要改变什么？"然后，再问自己："我该怎么做才能有所改变？"

你可能会发现，有时自己做出的愤怒反应因人而异。你可能会和甲争吵，对乙大吼大叫，对丙使用冷暴力，对丁推推搡搡，又与其他人保持身体距离和情感距离。那么，你分别会对谁采取哪种应对方式？为什么？你想让哪些人看到你的愤怒？哪些人从未见过你的愤怒？

你既可以借此了解愤怒的攻击型表达与自信型表达之间有什么区别，也可以看看自己什么时候会把愤怒当作防御手段，什么时候又会趁着愤怒去责备他人。如果你表达愤怒时不再大吼大叫、责备或攻击他人，你就会对自己说的话更满意，别人也会听得更清楚。在本书的后续章节中，我会介绍该过程涉及的一些措施。

> 当你诚实地表达自己所经受的痛苦时，其他人也会像你一样诚实，然后你们的人际关系就会有所改善。

当你以诚实、克制和有益的方式表达自己所经受的伤害和失望时，其他人也会像你一样诚实，然后你们的人际关系就会有所改善。只有分歧得到妥善处理，人际关系才能得以延续，甚至有所改善。当你恰当地表达愤怒时，你就得面对他人的批评和挑战。这将迫使你停止责备他人，并开始思考自己是否有责任去做出改变。如果你压制愤怒或将愤怒爆发出来，那么你既不会获得任何优势，也没法去评估自己的行为。压制愤怒以及长期将愤怒当作防御手段都属于无效的应对方式。

不要因愤怒而道歉。如果有愤怒情绪，那么请接纳。愤怒是属于你的，你可以对此做出改变。作为一名女性，没必要因自己的愤怒而感到不适。相反，你可以把这种情绪看作一种信号，提醒你去反思一下自己到底遇到了什么问题，然后努力去解决这个问题。

测一测你对愤怒的理解

以下的调查问卷是针对与愤怒相关的观点展开的，共有 1000 多名女性完成了这项调查。在阅读下一章之前，请你花几分钟时间独立完成问卷。该问卷也覆盖了本书其他章节讨论的内容，对你会很有帮助。

关于愤怒

以下列出的是一些与愤怒相关的观点，请仔细阅读。

如果你同意其中某个观点，或是曾依照其中某个观点行事，就请圈出最能准确表达你对该观点认可程度的数字。

1 = 非常同意　　4 = 比较不同意

2 = 比较同意　　5 = 非常不同意

3 = 中立

1. 每当我们允许自己发怒时，就是在犯罪。

1　2　3　4　5

2. 如果一个人从不在脸上表露出愤怒，言谈中也从未让人感觉到他的愤怒，就说明他没有愤怒方面的情绪问题。

1　2　3　4　5

3. 因为愤怒总会引起某种形式的暴力，所以愤怒从来都不是好事。

1　　2　　3　　4　　5

4. 如果你对自己所爱的人发泄愤怒，就会破坏你们的关系。愤怒和爱不能混为一谈。

1　　2　　3　　4　　5

5. 处理愤怒最好的方法就是忽视愤怒的存在。如果你选择忽视，愤怒就会消失。

1　　2　　3　　4　　5

6. 处理愤怒最好的方法就是压制愤怒。发泄愤怒会滋生更多的愤怒，最后会让人失控。

1　　2　　3　　4　　5

7. 处理愤怒最好的方法就是把愤怒发泄出来，把所有怒气都从你的身体里释放出来。当你宣泄完心中的愤怒时，所有人都会觉得舒服。

1　　2　　3　　4　　5

8. 好人不会发怒。

1　　2　　3　　4　　5

请判断以下说法的正误。

9. 男性表达愤怒比女性表达愤怒更容易让人接受。　正确　错误

10. 我常常因自己的愤怒而感到内疚。　正确　错误

11. 我不知道如何恰当地表达愤怒。　正确　错误

12. 我希望自己不是那种爱发怒的人。　正确　错误

13. 如果变得愤怒，我怕自己会失控。　正确　错误

14. 我很难知道自己什么时候会发怒。　正确　错误

请回答下列问题。

15. 哪些因素会让你更容易发怒？

（1）____

（2）____

（3）____

（4）____

16. 当听到“愤怒”这个词时，你的反应是积极的还是消极的？

积极　　　　　　消极

17. 在你看来，愤怒主要是一种积极情绪还是消极情绪？

积极　　　　　　消极

18. 愤怒的时候，你会________________

19. 当周围的人发怒时，你会________________

20. 小时候，你看到别人主要会在什么时候（哪些情形下）发泄愤怒？________________

21. 你看到别人表达愤怒的方式是________________

22. 谁教你学会了愤怒？________________

23. 谁教你如此发泄愤怒？________________

24. 如果有人问你与愤怒有关的问题，那么你觉得这个问题会是________________

第2章

什么是愤怒

It's Okay to Be

Angry

A Woman's Guide to Healthy Emotions

加里·J. 奥利弗

得克萨斯州春季夜晚的空气比较潮湿，空气中弥漫着金银花的味道。小猫求偶的嚎叫声让洛厄尔从噩梦中惊醒。几年前，洛厄尔曾在一次意外中摔断了后脊骨。那天，他把运水车停到了圣达菲铁路旁，当他下梯子的时候，不小心从上面摔了下来。他摔在了一堆石头上，撞到了后背，打了九个月石膏。这处旧伤让他晚上几乎无法安眠，而今天晚上又如此吵闹，于是，麻烦来了。

洛厄尔从他硬邦邦的床铺上爬起来，低声咒骂着那些猫，然后直奔壁橱，那里放着他的 22 口径的步枪。因为他们的房子在乡下，位置几乎处于马路的尽头，所以有很多空地。洛厄尔走到后院，仔细听了一会儿便辨别出了声音的方向，然后向黑暗中开了火。子弹射中了目标，一声尖叫后，一切又归于寂静。洛厄尔一声不响地把枪放回壁橱，又回到床上断断续续地睡了几个小时，直到天亮。

天亮后，洛厄尔穿上了他的衬衫和褪了色的蓝色工装牛仔裤，再把他那双扁平脚塞进每天都穿的旧布洛克鞋里，然后起床。房子外面的葡萄藤、小草和花儿上挂着沉甸甸的露水。在花园尽头，一排排一英尺[①]高的玉米丛旁，安静地躺着一只猫，一动不动。它那灰色的身体已经僵硬，致命的伤口中渗出的血液混杂着地上的泥土沾满了它的

① 1 英尺约等于 0.3048 米。——译者注

皮毛。洛厄尔拎起猫尾巴，向车库走去，他打算把猫扔进卡车，然后带走。

妻子露丝很早就起床做早餐了，饭菜的香味转移了洛厄尔的注意力。他把猫扔在花坛边上，然后走进厨房吃了点培根、鸡蛋、饼干和肉汁就去上班了，他已经忘记了昨晚发生的事。洛厄尔吃饱后就走了，露丝洗了盘子，准备开始她新的忙碌的一天，有很多家务活等着她做。

女儿劳拉醒了，她努力回忆昨晚发生的事情到底是真的还是在做梦。她记得昨晚有两只猫在院子里打架，后来她听到壁橱门被打开了，然后是一声枪响。枪响之前，她一直把枕头蒙在头上，用手指堵住耳朵，她经常这样做，她不想听到那枪声。那声音实在是太讨厌了！今天早上她不确定昨晚的事情是否真的发生了。

像往常一样，劳拉起床察看了一下花园，她想看看昨晚到底发生了什么。蜀葵正在盛开——有粉红色的、白色的、红色的和玫瑰红色的，黄黑相间的大黄蜂已经开始在花丛中采蜜了。蜿蜒的绿葡萄藤和细小的白芸豆花藤上开满了巨大的金南瓜花。当劳拉走近花坛时，她看到了她的猫咪帕蒂，它的灰色软毛上面满是血迹，此时血迹几乎都要干了。这一幕吓得她目瞪口呆，她呆站在那里喘不过气来，突然她转过身，哭着跑回了屋里。

当劳拉跑到后面纱门时，露丝听到了劳拉的抽泣声。露丝觉得劳拉一定是看花时离得太近被蜜蜂蜇了。如果真是那样就好了！劳拉哭喊着跑向母亲："他为什么要那样做？他就不能看清楚了再开枪吗？"爸爸为什么要朝她的猫开枪，而不朝另外那只流浪公猫开枪呢？

劳拉没有得到答案，永远都不会有答案。显然，洛厄尔早餐过后就忘记了那只猫，他把猫扔在那里，留给了他那伤心欲绝、惊恐万分的孩子。劳拉不知道她爸爸下次会把什么当作靶子。今天是她的猫，明天将会是兔子。什么时候会轮到她？在内心深处的某个地方，劳拉认为父亲也想把她变成靶子。她觉得自己肯定会死，就好像她的额头上已经被人标记了一个红色的十字一样。

这是一个真实的故事。劳拉从小就知道愤怒是有害、危险且具有破坏性的，是要避免的，所以她努力避免发脾气。在生命的大部分时间里，劳拉甚至压抑、克制、否认和忽视任何与愤怒有关的东西。毕竟，通过观察父亲洛厄尔，劳拉已经清楚地知道愤怒这种情绪会产生哪些影响。她知道发怒不会带来任何好处。

随着年龄的增长，劳拉越来越难以否认和忽视自己的愤怒。她不想发怒，不理解愤怒这种情绪，也不知道如何应对这种情绪，但愤怒就在那里。她担心自己会变得没有灵魂，因为她从小就被灌输了错误的观念，那就是“善良的女孩不会发怒”。她还学会了“不说话”准则，即无论家里发生了什么事，永远都不应该告诉外人。因此，对她而言，任何形式的心理咨询都行不通。

慢慢地，劳拉意识到，她自己无法理解这种情绪，但又无法否认它的存在，与这种情绪抗争几乎影响到了她生活中的方方面面。她所筑起的心墙、忙碌的生活和对情绪治疗的拒绝，曾经在一段时间内是有帮助的，但现在已不再奏效。

愤怒的定义

什么是愤怒？愤怒是人类最复杂的情感之一，它具有多面性，因此也最难被定义。

当我请一些人给愤怒下定义时，得到的回复几乎与受访者数量一样多。在《愤怒的基督徒》（*The Angry Christian*）这本书中，作者A.D. 莱斯特（A. D. Lester）将愤怒定义为“在感知到外界威胁时所唤醒的身体、心理和情感上的一系列反应，其特征是渴望攻击别人、捍卫自己”。

英语单词“anger”源自古诺尔斯语“angre”，意为“痛苦”。在德语中，“Arger”是“arg”的名词形式，意为“邪恶的”，因此，“Arger”是由于受到“邪恶的”刺激而产生的情绪上的反应。在西班牙语中，“enojar”（生气）源于“en”和“ojo”，指“使人不愉快的事情”。在这几种语言中，愤怒一词均有不安、不悦和怨恨的意思。

愤怒的重要特征

我们需要对愤怒这种情绪有何了解，才能让愤怒不伤害人，且为人所用？

愤怒是一种与生俱来的情绪

任何人都会受到各种情绪的影响，无论男女，无一例外。作为人类，我们必须经历的危险之一就是我们有喜、怒、哀、乐等各种情绪体验，其中就包括了最基本的人类情绪，即愤怒。无论是大人还是小孩，都会体验到这种情绪。

无论是大人还是小孩，都会体验到愤怒这种情绪。

愤怒是一种继发性情绪

愤怒几乎是对任何一种痛苦的无意识的反应，是大多数人被伤害后不久便能感受到的情绪。当你被绊倒、摔伤或踢到脚趾头时，你会感到疼痛，接着可能就会产生些许愤怒；爱人忘记了你的生日或你们的周年纪念日时，你会很伤心；好朋友说会和你一起吃午饭，但之后却没有露面，这很伤人，这时候你可能就会有愤怒的感觉；你跟你十几岁的儿子或女儿约定好晚上最晚 11 点回家，但现在已经超过两小时了，他 / 她却还在外面，也没给家里打电话，你可能会感到担心和恐惧，但当你的孩子大摇大摆地走进门，平静地说“对不起，妈妈，我忘了打电话了”时，你可能也会感到愤怒。

愤怒通常是我们意识到的第一种情绪

有时愤怒是唯一一种可以让我们意识到的情绪。然而，它却不是我们唯一体验过的情绪。在愤怒的表面之下，几乎总有其他一些需要被识别和承认的情绪。隐藏在愤怒深处的往往是恐惧、痛苦、挫败、失望、脆弱和对人际关系的渴望。

我们很早就知道，愤怒可以帮我们把注意力从那些更痛苦的情绪中转移出来。愤怒会让我们觉得自己很安全，因为愤怒为我们恐惧而脆弱的内心提供了一种保护，能让我们暂时远离那种看似无助的感觉。不需要很长时间我们就会发现，人更容易感到愤怒而不是感到痛苦。愤怒能让我们觉得自己更有力量，从而减轻了我们的脆弱感，增加了我们的安全感。愤怒常常是一种虚假的安全感，但尽管虚假，仍会让我们觉得安全。

愤怒是一种强大的情绪

根据我们的经验，大多数人一想到愤怒就会把它与自己印象中的人们发怒时最伤人、最激烈的言行联系起来。愤怒常与敌对、盛怒、挑衅、暴力和破坏相联系或相混淆。的确，一旦愤怒失控，人们就可能会用非常可怕的方式把它发泄出来。但问题不在于愤怒本身，而在于人们没有学会如何去理解、重视自己的愤怒情绪，没有学会如何去倾听自己内心的愤怒，也不知道如何能让自己听到愤怒发出的警告。

愤怒让人更有力量

当你发怒时，你会感到自己充满力量，并时刻准备采取行动。从生理学上讲，愤怒会触发肾上腺素和其他应激激素大量涌入中枢神经系统和周围神经系统，造成明显的身体变化。你的声音会变高，呼吸频率会加快，呼吸深度会加强，出汗会越来越多，心跳会越来越快，手臂和腿部肌肉可能会收紧，消化过程会变慢。你可能会觉得脑袋和胃像要爆炸一样难受极了。

愤怒让人充满激情

愤怒让许多人充满活力，给予人们一种安全感和力量感。愤怒让人们觉得自己能够做点什么。许多女性发现，当从被动、脆弱、无助和挫败的状态转变为愤怒时，会让她们产生一种奇妙的安全感和力量感。

愤怒可以赢得“最容易被贴错标签”情绪奖

当你被问到“你印象中最后一次发怒是什么时候”时，人们往往很难记住具体的时间。为什么？因为很多人只记得自己愤怒失控时的样子，却没有意识到在日常生活中，愤怒其实可以通过很多不同的方式来表达。

因为很多人对愤怒有忌讳，所以他们尤其可能会对这种强大的情绪的价值视而不见。他们可能既不会去识别这种情绪，也不会将其作为一个生活中的真相来正视，而是试图忽略它的存在，或是默默忍受，或是纵容它主导、控制自己的生活。

焦虑的人通常在外表和行为上都表现得很焦虑；抑郁的人通常在外表和行为上都表现得很抑郁；被恐惧征服的人通常在外表和行为上

也都会表现得很恐惧。但愤怒的人不一定会把愤怒表现出来。他们可能表现出的是焦虑、抑郁或恐惧，或者什么都没有表露出来。

在所有情绪中，愤怒既最有可能被贴上其他标签，也最有可能被认为是危险的。那么愤怒最常见的伪装是什么？当我们妒忌、鄙视、侮辱和轻视他人时，或者当我们感到烦恼、被冒犯、尖刻、厌倦、憎恶、郁闷、冒火、激愤、发疯、刻薄、焦躁、暴戾时，或者当我们感到挫败、烦闷时，我们可能正在体验某种形式的愤怒。愤怒也可以表现为批评、沉默、恐吓、忧郁、抱怨、沮丧、说长道短、讽刺、责备，以及其他被动攻击型行为，如偏执、消极、健忘和懒惰等。

如何让愤怒情绪为人所用呢？一个重要的环节就是学会识别愤怒情绪的各种掩饰和伪装。

愤怒是“最有可能受到责备”的情绪

还有什么情绪和愤怒一样是人们尽量要避免的？

请你想一下，还有什么情绪和愤怒一样是人们尽量要避免的？还有什么情绪更容易被贴上罪恶的标签？还有什么情绪像愤怒一样，在被谈及（或读到）时都会让人觉得不舒服？愤怒这种情绪真是不怎么招人喜欢。

愤怒的多重表现形式

我们一起来看看愤怒到底有多少种不同的表现形式。

愤懑（ire）是一种比愤怒更强烈的情绪，在产生这种情绪时，人的身体通常会出现明显的反应，例如脸颊发红或瞳孔放大；盛怒（rage）意味着可能会因失去自控能力而引发暴力；暴怒（fury）是一种需要强烈控制并且有害的盛怒，近乎疯狂；愤慨（indignation）是人们对不公、卑鄙或羞耻的行为产生的愤怒，它是一种合理的愤怒表达。

如果我们不对愤怒这种情绪加以控制和管理，就可能老是想着那些惹怒我们的人和事。我们越是纠结自己有多委屈，愤怒就越容易转化为敌对情绪，使我们想用某种方式惩罚、伤害或报复那些给我们带来痛苦的人。慢慢地，敌对情绪就很容易变成对外攻击。合理地表达愤怒能让别人确切地知道你的感受以及愤怒的原因，这种表达愤怒的方式既坦诚又明确。但敌对情绪却不一样。其他人知道自己遇到了麻烦，但不知道原因，他们只知道自己做错了，但不清楚具体哪里错了。

盛怒不仅仅是愤怒。盛怒是一种在压力之下的愤怒，你没有时间去思考，而需要立即采取行动对其进行控制。愤怒会影响你的言行，但盛怒会控制你的言行。如果愤怒是一条小溪，那么盛怒就是一条即将泛滥成灾的、肆虐的江河。

受到盛怒的影响，人们似乎总是反应过激。你会发现盛怒的人会大喊大叫、咆哮、尖叫、破口大骂、胡言乱语，有时还会抗议、砸东西、毁坏物品，然后大摇大摆地消失，丝毫没有罪恶感或愧疚感。为什么？因为盛怒的人认为“那些人活该”！

愤怒与憎恨的区别

诚然，愤怒与憎恨都属于人类情绪，但它们是两种完全不同的情绪。愤怒不是憎恨，憎恨也不是愤怒。憎恨的反义词是爱，而愤怒的反义词是冷漠。

愤怒和憎恨之间的区别很大。但不幸的是，许多人经常将愤怒这种情绪与表达这种情绪的方式相混淆。这种困惑导致愤怒往往会成为其他情绪的替罪羊。愤怒不是一种有害的情绪。尽管不恰当地表达愤怒可能会导致婚姻破裂，但是愤怒这种情绪从来不会导致婚姻破裂。愤怒不见得是一种危险或具有破坏性的情绪，它也并不总是那么罪恶。事情的关键就在于我们如何去表达愤怒。

愤怒是一种博学的艺术

一位女性写道："小时候，我所认识的愤怒是站在椅子上，对某人大吼大叫，然后扔东西。"另一位女性写道："当我听到'愤怒'这个词时，我会想到冷漠、讽刺、扭曲的面孔、'砰'的一声摔门的声音、长时间的沉默、躲在卧室里哭泣、冷漠的眼神和忧郁的心情，这些会让家里的每个人紧张好几天或几周。"

我们本该"生来就善于沟通"，但让人惊讶的是，竟然有这么多人很难做到明确有效的沟通。在我看来，主要的原因就是教养。

小时候，孩子们经常会去模仿周围成年人的言行举止，慢慢地就会形成自己的行为模式。当然，也有一些外部因素会影响我们的认知，让我们明白什么样的行为是对的。这些外部因素包括我们身边的朋友，以及电视剧、电影和书籍中的主人公。

有一个很好的例子就是，女性表达情绪比男性更容易让人接受。我们小的时候就知道，小女孩是可以哭的，但是小男孩需要"表现得像个男子汉"。我们都知道，要想做一个"真正的男子汉"，就需要做"情绪搭桥手术"——它并不是一种真正的外科手术，而是在童年时期对男孩进行的情绪疏导，即让男孩意识到他们的情绪，然后学会对这些情绪保持沉默。一段时间过后，男孩压抑自己的情绪太久了，以至于他们不仅仅识别不出这些情绪，甚至都没有意识到自己产生了这些情绪。当很多男孩长大成人时，他们已经失去了表达自己情绪的能力。他们会清楚地认识到，表达情绪不是男性该有的行为，是不被接受的。

对愤怒管控不当会带来什么

对愤怒管控不当会危害人的健康。

什么是管控不当的愤怒？即愤怒无法被识别、理解或者用合理的方式表达出来。它很有可能被忽略、压抑、克制、否认或忽视，这会让我们无法知道自己的真实感受，还会对自己和他人造成伤害。

对愤怒管控不当会造成哪种伤害？我们来看看美国家庭医师学会（American Academy of Family Physicians）的统计数据：

《身心医学》（*Psychosomatic Medicine*）杂志的一项报告显示，与其他女性相比，经常把怒气憋在心里的女性在 60 岁之前患心脏病的可能性更大。有 2000 名 40 多岁的女性参与了一项为期 10 年的跟踪调查，调查时间截至她们绝经五年后。调查研究表明，那些习惯隐藏自己的愤怒的女性心率会更快，应激激素水平会更高，血压会更高，这些都是由颈动脉增厚导致的。

合理地表达愤怒带来的好处

在对 3000 多名女性的调查中，我们提出了这样一个问题：当听到“愤怒”这个词时，你的反应是积极的还是消极的？在 500 多个随机抽样调查中，77% 的受访者表示反应是消极的。调查还有另外一个问题：在你看来，愤怒主要是一种积极情绪还是一种消极情绪？在 850 个随机抽样调查中，78% 的受访者回答愤怒是一种消极情绪。

接下来，让我们来看看合理的愤怒表达在哪些方面可以帮助我们。

愤怒是一种信号。愤怒对我们生活的作用，就像房子里的烟感器或汽车仪表盘上的警示灯一样。愤怒提醒我们要停下，要观察和倾听，就好像有人对我们说："出现故障，请注意！"在《愤怒之舞》（*The Dance of Anger*）这本书中，哈丽特·戈尔登霍尔·勒纳（Harriet Goldhor Lerner）提道：

> 愤怒是一种值得我们关注的信号。愤怒可能是身体给我们发出的一个信号，告诉我们：我们正在受到伤害，我们的权利正在遭受侵犯，我们的需求或愿望没有得到充分满足，或者是某些事情出了问题。愤怒可能是想告诉我们：我们有一个重要的情绪方面的问题亟待解决，我们在一段感情中牺牲了太多的自我，如我们的理想、信念、价值观。我们的愤怒可能是一种信号，表明我们的付出远远超过了我们的能力范围。或者，愤怒可能想要警告我们：别人为我们做得太多了，这是以牺牲我们自己的能力和成长为代价的。

> 如果我们能识别出愤怒发出的警告信号，我们就更有可能在问题仍然可控的情况下对其进行处理。

那些不知道如何倾听内心愤怒的人，看不到愤怒的这一重要功能。如果我们能识别出愤怒发出的警告信号，我们就更有可能在问题仍然可控的情况下对其进行处理。

如果我们没有意识到某一问题，或者选择忽视愤怒的警告，那么未来我们就有可能面临更大的问题。当我们无视情绪的警告信号时，本可以很早就轻松处理的事情最终会成为一个大问题。

愤怒能为我们提供强大的精神动力和能量来源，促使我们积极地行动起来以做出改变。虽然每个人都想与众不同，但没有人想改变。改变令人沮丧；改变具有胁迫感；改变让人不安，并且更容易让我们感到焦虑和恐惧。对于我们大多数人来说，改变是世界上最难完成的事情之一。然而，正是改变让我们脱颖而出，没有改变就没有成长，没有成长，我们的心理健康、精神状况或人际关系就会出现问题。愤怒是改变的主要催化剂。

对愤怒管控得当能够让人际关系更加亲密。当大多数人听到“亲密”这个词时，想到的是安全、信任、透明，想到的是和“真正了解自己的人”打交道。这样的人一般都是爱人、最好的朋友或知己。《韦氏词典》将“亲密”一词定义为“人与人之间的一种最深层、最私密的状态”。

真正的亲密关系不会在一夜之间形成，它需要很长时间的相处。亲密关系包括对一个人的了解与熟悉，这不仅包括对两个人的相似之处的分享，还包括对两个人之间的差异的了解与适应。正是通过差异，我们向对方展示了独一无二的我们。也正是在求同存异的过程中，我们学会了理解和信任彼此。

愤怒是我们意识到差异最重要的方式之一。愤怒告诉我们，另一个人正在困扰着我们。当发生这种情况时，我们既可以选择直接表露出我们的困扰，或者假装和谐，表现得似乎一切都很好，我们还可以冒着不适和尴尬的风险说真话，只有这样才能解决问题，并在这个过程中增进彼此之间的感情。

在从不了解到了解的过程中往往会发生很多的误会。我们既很少在第一次见面时就清楚地表达所有事情，也很少在一开始就理解别人，尤其是当涉及一些复杂的事情时，比如我们并不总是能理解自己的情绪（有时候，我们只有在试着和别人分享自己的感受时，才能真正理解别人的感受）。

尽管愤怒本身不会加强或削弱人际关系，但我们会选择表达愤怒的方式。如果你选择忍气吞声，那么这段关系处理好了可能会维持表面状态，处理不好

尽管愤怒本身不会加强或削弱人际关系，但我们会选择表达愤怒的方式。

就可能会慢慢导致两人关系的终结。这也说明了为什么曾经有一位女性走进我的办公室说："我和这个男人已经结婚 35 年了，但我仍然不知道他是什么样的人。"

当我们冒险去表达愤怒，然后超越这种表面的愤怒情绪，而转身去寻找导致其发生的最根本的原因，如恐惧、痛苦或挫败时，我们就能够识别并超越使我们产生分歧的各种差异了。

愤怒可以帮助我们设定界线，可以帮助我们明确我们想成为什么样的人。在我们成长的过程中，有一个重要环节就是确定个人边界。个人边界是界定和区分一个人的重要因素，是你我之间的分界线。我的个人边界告诉我，我应该成为一个有着独特需求、欲望、情感、心愿和梦想的个体。个人边界规定了什么是恰当的情感行为和情感表达方式。这能让女性知道她什么时候正在被侵犯或被虐待，能让女性识别出什么样的行为是可接受的或不可接受的、恰当的或不恰当的。

愤怒可能是一种警告，警告个人边界已经被逾越，警告你正在被侵犯、被虐待或者被利用。愤怒能给予你说"不"的力量。但是，我们的调查显示，许多女性几乎无法说"不"。因为她们既不清楚自己是什么样的人，也不清楚想成为什么样的人，所以她们把大部分的精力用于照顾他人并使他人感到舒适。

无法说"不"会让女性变得更加脆弱和过分自责。如果出现问题，女性会认为一定是自己的错。女性会花很多时间去为自己应该做但没做的事情、应该知道但没能知道的信息或者自认为做错的事情道歉。为了更有效地满足他人的需求，女性训练自己照顾他人、顺从他人、听从他人的指令，这不仅牺牲了女性自己的需求，而且在很大程度上导致她们根本认识不到自己的需求，因为只有这样，她们才能更有效地满足别人的需求。

一位女性写道："我觉得我的工作就是为家里所有人起到情绪调节的作用。"一旦你产生了这样的想法，你就失去了了解与掌控自身情绪的能力。你否认了自己的才能和天赋，你忽略了对自己人生的计划和安排。

女性不应该放弃自己的想法和选择，不应该遵照原生家庭、爱人或朋友的指示决定她们自己应该成为什么样的人。

测一测你的敌对情绪有多严重

美国杜克大学的雷德福德·威廉姆斯（Redford Williams）博士提出了三个可以帮助你确定敌对情绪是否会让你今后有面临健康问题的风险的调查问题。请圈出最能描述你现状的答案。

1. 当朋友或陌生人做一些事情阻碍我完成任务时，我常常认为他们自私、刻薄、不顾及他人的感受。

从未　　有时　　经常　　总是

2. 当有人做了一些看起来无能、混乱、自私或不顾及他人感受的事情时，我很快就会感到挫败、烦躁、生气，甚至愤怒。与此同时，我也经常能感觉到身体上的不适，如心跳加速、上气不接下气、手心冒汗等。

从未　　有时　　经常　　总是

3. 每当我有以上想法、感受或身体变化时，我更有可能通过言语、手势、声调的变化或不悦的面部表情把自己的感觉传达给那些让我感到不舒服的人。

从未　　有时　　经常　　总是

威廉姆斯博士的研究表明，在上面的三个调查问题中，如果你有两个或两个以上的回答是“经常”或“总是”，那么你的敌对情绪很可能会让你的健康陷入高风险，你可能会有威廉姆斯博士所说的敌对心。

第3章

什么是情绪

加里·J. 奥利弗

卡萝尔有两个孩子，她最近刚离婚。她来我这里做心理咨询的时候跟我说："奥利弗教授，我知道自己应该很擅长管理情绪，但我现在真不知道该如何描述自己的感受——我感到很糟糕。"

"卡萝尔，"我问，"是谁告诉你你'应该很擅长管理情绪'的？"

她回答："嗯，每个人都知道女性比男性更情绪化。"

卡萝尔是我调查过的万千女性的一个缩影。这些女性认为，身为女性，就应该对情绪有超乎寻常的理解和控制能力——她们不仅要控制好自己的情绪，甚至还要懂得如何去稳住周围所有人的情绪。

社会上普遍对女性与男性之间的情绪差异存在一些误解，以卡萝尔为代表的这部分女性多多少少受到了这些误解的伤害。其中一些极端的误解包括：

- 女性比男性更情绪化；
- 女性比男性更多愁善感；
- 女性感性却不善于思考，男性理性却情感淡漠；
- 女性是右脑型（偏感性）的人，男性是左脑型（偏理性）的人；
- 女性是养儿育女的贤妻良母，男性是争强好胜的竞争者。

一位女性心理学家说："总是把女性和情绪化联系在一起是一种谬

见，认为女性比男性更多愁善感也是一种谬见。愤怒是人类最强烈的情感之一……而我们（女性）总是不太容易表达愤怒。”

情绪的定义

我们在第 1 章中介绍了愤怒、引发愤怒的原因，以及我们应对愤怒的一些方式。在后面的章节中，我们将详细介绍抑郁、恐惧和焦虑等情绪，但是为了理解和克服这些情绪，我们首先必须明白何为情绪，情绪从何而来，情绪如何影响我们的言行，罪恶以何种方式影响着这些情绪，我们能对这些情绪做些什么。我们需要知道情绪为何重要，何时能信任情绪，何时不能信任情绪；我们需要知道情绪如何以及在多大程度上影响着我们的思维方式。这些都是我们将在本章要解决的问题。

《韦氏词典》将情绪定义为“一种心理和生理反应，其主观体验表现为一种强烈的个人感受，某种程度上能引起生理变化，以至于身体会随之发生反应，需要人们立即采取行动去应对”。情绪的英文单词“emotion”源于拉丁词语“emovare”，意为“移动”或者“有做某事的动作、动机和精力”。

多罗西·芬克霍尔（Dorothy Finkelhor）在《如何使情绪为你所用》（*How to Make Your Emotions Work for You*）一书中提道：

> [情绪是] 我们生活的动力，要么推着我们前进，要么拉着我们后退，要么让我们完全止步不前；情绪不仅决定了我们要做的事情，也决定了我们的感受、需求，以及我们是否能够得到自己想要的东西。我们的情绪结构不仅决定了我们内心的爱恨、恐惧等情绪，也决定了对这些情绪的处理方式。我们生活中的所有事情几乎都把情绪因素当作主要的动力来源。情绪既使我们强大，也使我们软弱；既使我们受益，也使我们受损；既使我们快乐，也使我们困惑。

我们的情感是微妙且复杂的，情感体验涉及感官、骨骼、运动、自主神经和认知等方面。我们的情绪不仅影响着我们的精神生活、社会生活，也影响着我们的心智和健康。

一些最常见的情绪

在我曾经参加的几次学术研讨会上，我曾邀请参与者列出她们经常体验到的情绪。以下是一些最常见的情绪：

赞同	兴高采烈	痛苦
愤怒	尴尬	冷漠
焦虑	兴奋	孤独
感激	恐惧	爱
厌倦	惊骇	骄傲
忧虑	挫败	悲伤
自信	慷慨	羞愧
困惑	愉快	惊喜
高兴	悲痛	恐怖
抑郁	快乐	生气
不安	耻辱	担忧

情绪的特征

我们如果想成为情绪成熟[①]的人，就需要知道情绪的一些重要特征。对理解情绪最有帮助的方法之一就是学会观察各种不同情绪的共同特征。

① “情绪成熟”为专业术语，描述个体情绪稳定、情绪控制能力良好的状态，也是心理成熟的一大表征。——译者注

思想、意志和情感

思想、意志和情感是人格的重要维度。思想赋予我们思考的能力，情感赋予我们感知万物的能力，意志则让我们有选择的机会。三个维度相互作用、相互制衡，就像三脚凳的三条腿一样，每一个维度都至关重要、必不可少。思想、意志和情感之间的联系错综复杂：我们的选择会影响我们的感受，我们的情感会影响我们的思想和决定，而我们的思想又会影响我们如何去感受、去选择。

情感和思想是体验和理解生活的两种不同方式，二者对我们来说都很宝贵，它们从不同的角度让我们认识自己和周围的世界。它们之间可以相互制衡：当思想和情感共同发挥作用时，我们才更有可能做出明智的选择。

当思想和情感共同发挥作用时，我们才更有可能做出明智的选择。

虽然思想、意志和情感这三者之间应该和睦相处，但罪恶却让这种和睦的局面变得相当复杂。男性与女性之间的分歧是罪恶造成的，人与人之间的分歧也是罪恶造成的。

罪恶极易影响我们的生活，致使我们的思想、意志和情感受到不同程度的损害和扭曲。其中，罪恶在思想和情感之间造成的分歧尤为明显。思想和情感本应以互补的形式共同发挥作用，但如今两者经常处于对立的位置。罪恶的诸多影响之一就是使我们每个人倾向于偏爱思想和情感中的一个，有时甚至会排斥另一个。

误解 1：认为思想比情感更重要

那些强调理性思维的人认为情感不值得信赖、不可靠。一位著名的牧师曾说：“做决定的时候，你不能受自己情感的影响。”虽然这位牧师说这番话的初衷是好的，但他在思想与情感之间建立了一个人为的“二分法”，因为他认为思想比情感更重要。

这位牧师认为：情感肯定是一种罪恶。能意识到情感或许是件好事，但人们对待情感不应太过斤斤计较。到了做决定的时候，要忽略自己的情感。情感是善变的、无常的、不可靠的，而且只会给你添麻烦。只有不懂得思考的人才会依赖自己的情感。

不幸的是，许多人对这种误解表示认同。他们认为情感是其人格的“害群之马”。往好了说，情感不重要；往坏了说，任何情感都是不成熟的标志。

我也曾经给许多男性做过心理咨询。这些男性认为，如果他们觉得自己在某件事上特别有道理，那么即使给不出很好的理由，他们也坚持认为自己是理智的。然而，如果是一位女性给不出很好的理由，那在男性看来，她就是不理智的、不合逻辑的，甚至是情绪化的。为什么他们会这么认为呢？因为她是女性。

如果对该误解进一步讨论，那么最后得出的结论甚至会更荒谬：正因为思想远比情感可靠，正因为男性更善于思考而不是去感受，所以男人味比女人味更好、更可靠。很难理解人们真的相信这一点，但他们的确相信。

当我们把思想捧到天上、把情感贬低到尘埃里时，就是在分裂自己的个性，我们在用自己与生俱来的感性权力换取理性的蝇头小利。

误解 2：认为情感比思想更重要

有些人认为情感是生活的标尺，所有的感受都是真实且有迹可循的。他们觉得自己最有发言权，他们的座右铭是“己所不欲，勿施于己”。他们认为那些强调理性思维的人冷血无情、薄情寡义、尖酸刻薄。这些人唯一关心的是“结果”，对他们来说，事情比人重要得多。

有一幅漫画是这样的：一对夫妻在吵架，妻子转过头对丈夫说：“任何拿逻辑当借口的人肯定对自己相当不自信。”这幅漫画很好地阐明了该误解。

虽然感受很重要，但感受从来不是检验真理的绝对标准，不是判断事理是否正确的可靠指南，也不是所有决定和行动的根本。

C.S. 刘易斯（C.S. Lewis）写道：“所有自然产生的感受本身既没有贵贱之分，也没有圣洁与邪恶之分。”

在上述两种误解中，哪一种更符合你？你怎么知道哪个才是“正确的”？哪一种更符合你的父母？如果你是已婚人士，那么哪一种更符合你的爱人？

上述两种误解都属于重大误解。真正的情绪成熟包括整个人各个方面的成熟。人不可能仅在思想方面成熟，在情感或意志方面却很幼稚，这不是思想和情感谁更重要的问题。真正的成熟既要求我们的内心、大脑和意志之间保持平衡，也要求我们的情感、思想和行动之间保持平衡。各个方面的成熟都很重要。

人人皆有情绪

无论你是男是女、是年轻还是年长、是黑人还是白人、是富贵还是贫贱，这些都不重要——所有人都能体验到各种情绪，也或多或少地会将其表达出来。所有人都有体验各种情绪的能力。

情绪可以分为男性情绪和女性情绪，这是对情绪的误解。最近有几位女性咨询者跟我打趣说，男性一般只有两种情绪——欲望和愤怒。同时也有几位男性咨询者严肃地跟我说，他们觉得情绪分为男性情绪和女性情绪。

情绪无好坏、优良之分

认为有些情绪是好的，有些情绪是不好的，这是对情绪最危险的误解。大家所体验到的情绪既可能是消极的或积极的，也可能是痛苦的或快乐的，但没有任何情绪是“坏”情绪，有的只是对情绪的不当或不良表达。

情绪会引起生理反应

有些人哪怕自己的的确确错了，也会对自己的爱人说“亲爱的，你想多了”，我数不清听到过多少次这样的对话了。“想多了”是对情绪最常见的误解之一。我们的大脑会有情绪，身体的其他部位也会有情绪。

我们的中枢神经系统和周周神经系统包含多种化学物质和神经递质，情绪会引起这两种神经系统的变化。当你有情绪时，你的心跳可能会加快，瞳孔可能会放大，你可能会流汗、发抖、流泪、起鸡皮疙瘩、剧烈的情绪波动，也可能会感到精疲力竭。

不仅情绪会对我们产生强大的生理影响，我们处理情绪的方式也会对我们的健康有积极或消极的影响。多年来，已有医学研究记录了情绪在生病过程中可能产生的影响。但是到目前为止，人们对于情绪在治愈过程中能产生的影响知之甚少。

越来越多的研究表明，合理地利用情绪有助于疾病的治疗和恢复。

理解并控制情绪能让其不伤害人，且为人所用

不管我们是否觉得情绪重要，不管我们是否能够意识到自己的情绪，不管我们是否喜欢，也不管情绪是好是坏，情绪在我们的生活中都扮演着重要的角色。有件事是相当明了的：如果我们不去理解、控

制自己的情绪，我们就会被情绪控制。

有些过度控制情绪的人就像是情绪病患者。如果我们不了解自己的情绪，那就无法了解自己真正的需求。我们总是以他人为中心，这其实很不合适，因为这会让我们逐渐失去自我意识，在情感上变得过分依赖他人，沉迷于他人的世界而无法自拔。

不管我们是否觉得情绪重要，不管我们是否能够意识到自己的情绪，不管我们是否喜欢，也不管情绪是好是坏，情绪在我们的生活中都扮演着重要的角色。

说得明白点，“以他人为中心”就允许别人定义我们是怎样的人。在各种各样的人际关系中，我们的重要性和安全性，即那些最能让我们获得自我认同和安全感的东西基本全部由我们生活中的“其他重要他人”决定。

这些过度控制情绪的人往往会偏向于发展依赖–独立关系，以下是这些人的一些特征（见表 3–1）。

表 3–1　　过度控制情绪的人的特征

自己	他人
很容易有情绪	很难有情绪
关注他人	只关注自己
给予他人鼓励和支持、为他人付出金钱、时间等	即使有，也是微不足道的
自己的需求很少得到满足	自己的需求长期得到满足
付出远超过 50%	付出远低于 50%
放弃或失去权力	拥有权力并（继续）获得权力
证明他人的价值	由他人证明自己的价值

续前表

自己	他人
包容不当行为	经常做出不当行为
依附于他人或与他人纠缠	不依附于他人或远离（摆脱）他人

据我们调查的一些女性管理者所说，依赖－独立关系对女性来说是一个特殊的问题。在这种关系中，你知道谁最常扮演“依赖”他人的角色吗？没错，就是女性，有些女性堪称过度控制情绪病的晚期患者。

与过度控制情绪者相对的是情绪失控者，我们经常在新闻和报纸上看到这样的案例。很明显，当我们的情绪之堤失控时，洪水会淹没河岸，四处肆虐。有些人既属于过度控制情绪者，也属于情绪失控者，他们大多数时候会过度控制情绪，但时不时会情绪失控。和这样的人在一起，生活往往会被搅得一团糟。虽然我们在坐过山车时会享受到很多乐趣，但我们谁都不想要跌宕起伏的生活，和这种在过度控制情绪与情绪失控之间游离不定的人结婚就和坐过山车差不多。

情绪成熟能提高我们的工作效率

马里兰大学的心理学家艾丽斯·伊森（Alice Isen）博士花了超过17年的时间研究积极情绪是如何影响人们的思维方式的。伊森博士的研究表明，积极的情绪不仅能让人更乐于助人和慷慨大方，而且能提升人们的各项思维能力，比如判断能力、解决问题能力、决策力和创造力等。

伊森博士说：“积极的情绪似乎更能激发我们的社交天性，并能激发我们思考和解决问题的创造力……是影响人际合作和个人健康成长的潜在因素。我们的研究很有意义，能帮助我们在各个场合（包括课堂、职场和社交场所）都展现出自己最好的一面。”她还指出：“积极的情绪会让人们抛开解决问题的一般方法，继而去尝试其他新的方法。”

情绪分享有助于发展健康的人际关系

我们的研究表明，女性比男性更喜欢讨论情绪问题。这一点不足为奇，它和我们之前得出的一些研究结果是一致的。有些女性表示，与爱人相比，她们更看重两个人相处过程中的情绪质量。她们觉得，和对方讨论情绪问题能帮她们认清自己的感受，拉近彼此之间的距离。

事实上，情绪分享不只对女性很重要，我们所有人，无论男女，都需要对情绪问题进行交流与分享。

“情绪化”不是贬义词

当听到“情绪化”这个词时，你有什么感受？你的第一反应是积极的还是消极的？有人说过你“情绪化”吗？你最近一次听到别人说你“情绪化”是什么时候？原因是什么？他们有没有因你的情绪化而表扬你？而你有没有回答“谢谢，非常高兴你注意到了”？你觉得这是一种批评还是贬损呢？给你的行为贴上“情绪化”标签的那个人是男性还是女性？对方的性别是否会影响你对这句话的理解？

大多数人在使用情绪化这个词时，都是针对某个人的行为的，比如：“不要这么情绪化。”“你开始有点情绪化了。”但人们也用这个词来描述一个人长期的性格特点：“她是一个情绪化的人。”

情绪化这个词似乎没有一个明确的定义，不过判断一个人是否情绪化既要看这个人有什么样的行为，也要看给这个人贴上“情绪化”标签的人有什么目的。对一个人是否情绪化的判断既与他做出的回应是否频繁、言辞是否激烈、表达是否得体有关，也与他做出回应的时间长短有关。

我们都很清楚，“情绪化”这个标签最常用于负面语境中，常用来指某人试图影响或控制他人的行为。大家通常认为情绪化的人不负责任、不成熟、不理智。我们曾经与一些女性合作，希望能找出所有与情绪化相关联的词汇，她们发现最常与之相关联的词语有失控、幼稚、不负责任、不理智、孩子气等。

几年前，《旧金山纪事报》针对其男性读者对女性的看法进行了一次调查，旨在揭示男性想在女性身上看到的东西，以及不想在女性身上看到的东西。男性首先抱怨的就是女性的情绪化行为，他们对这种行为感到很厌烦。调查显示，在男性对女性的看法中，女性的“唠叨”位居榜首，有 44% 的受访男性将其列为自己主要的烦心事；39% 的受访男性回应说：“当和女性进行争论时，她们太情绪化了。”这是第二个常见的问题。

一位作家问道：“同一件事，为什么男性做的时候就是在‘争论’，女性做的时候就是‘情绪化’？为什么一提到‘唠叨’这个词，马上让人联想到的画面就是一位情绪不稳定的女性一直在喋喋不休地说个不停？”

虽然《旧金山纪事报》开展的社会调查没有科学调查那般严谨，但它确实发现了一种普遍存在的人们对性别的刻板印象。男性被描绘成的样子是，即使面对巨大恐惧也依然沉着、冷静、理性，他们的情绪化表现仅限于见义勇为时的怒不可遏和示爱时的结结巴巴。然而，在刻板印象中，女性却会因为一丁点儿刺激就情绪失控，甚至会因为看到电视广告就泪流满面。从各方面来看，情绪化都像是专属于女性的一个特质。对于像这样的刻板印象，再反感也没用，因为它始终会存在。

测一测你对情绪的了解程度

请补全下列句子，以便更好地了解自己的情绪。

情绪检查

1. 我最容易表达的情绪是________________
2. 我曾看到母亲表达过的情绪是________________
3. 我曾看到父亲表达过的情绪是________________
4. 最让我感到困扰的情绪是________________
5. 让我郁闷的是________________
6. 我最害怕的是________________
7. 我最担心的是________________
8. 郁闷的时候，我会________________
9. 我的各种情绪产生的积极影响是________________
10. 在情绪管理方面，我想做出的一个改变是________________

第 4 章

“被禁止”的情绪——愤怒

It's Okay to Be

Angry

A Woman's Guide to Healthy Emotions

加里·J. 奥利弗

珍妮特是一位42岁的母亲，她告诉我："不知道为什么，当我还是小姑娘的时候，我就知道愤怒是一种'被禁止'的情绪，尤其是女孩子，绝对不能发怒。"她稍做停顿，泪水模糊了眼睛，然后继续说："小时候，每当我表达愤怒的时候，父母都会对我特别冷淡。"珍妮特从小就知道父母对她的爱是有条件的，他们的爱取决于自己的表现。一旦她表现出愤怒，父母就不爱她了。很快，她就把愤怒和被抛弃、被排斥联系到了一起。

珍妮特无意间得到了这样一个教训："一旦我发怒，就不会有人爱我了。"她总结的结论是发怒没用。所以，她慢慢地开始惧怕自己的愤怒。珍妮特没有学会如何利用愤怒去强调自己的重要性，反而学会了如何更完美地掩饰自己内心的愤怒。她发现，真正有用的是学会"察言观色"，给予别人想要的东西。于是，她学会了如何取悦别人，如何表现才能让别人高兴，这样大家才会称她为"好姑娘"。

如今，珍妮特已经成年，她之所以到我这里接受心理咨询，是因为她发现她越来越难以控制自己的脾气了。"有时候可能一连几个星期都没事，但如果是突然发生的、哪怕一丁点儿的刺激，都会使我的情绪失控，"她跟我说，"一开始，愤怒还是慢慢发作的。但最近，我发现自己会突然咆哮、尖叫、责骂孩子，或者抨击我的丈夫。每当我发现自己的这些行为给家人造成了伤害时，我都感觉羞愧难当。每次闹完，我都觉得很难过，所以我竭尽全力去弥补我的所作所为给家人带来的伤害，请求家人的原谅。但很快我还是会情绪失控，所以他们都不相信我了。他们害怕我，因为他们根本不知道我什么时候会再次爆发。我也很难相信自己，我觉得我在伤害丈夫、孩子的同时，也在伤害我自己。”

珍妮特用了她前半生的时间来隐藏自己的愤怒，但如今，愤怒带给她的压力就像一座情绪火山，火势越来越猛。因为她从来没有学会如何了解、控制或引导自己的愤怒，所以现在愤怒开始控制她了。

珍妮特的经历并不是个案。在调查的过程中，我们询问过很多女性：“你最难表达的情绪是什么？”绝大多数人的第一反应是愤怒。多年来，社会并不鼓励女性去察觉自己的愤怒，更不鼓励女性清晰地表达自己的愤怒。用珍妮特的话来说，愤怒已经变成了一种“被禁止”的情绪。

哈丽特·戈尔登霍尔·勒纳写道：

> 酸甜苦辣、人生百味。我们扮演着养育者、知心人、和事佬、摆渡人等角色，所以我们以取悦、保护和安抚世界为己任。我们可以维系好各方关系，好像我们的生活就是靠维系各种关系才得以延续下去的。

关于愤怒的七种误解

和我们当中的很多人一样，珍妮特在成长过程中接受了很多关于愤怒的观念。但遗憾的是，这些观念大多数是错误的。在所有情绪中，人们最不了解、误解最多的情绪就是愤怒——而且不只有女性伴随着这些误解长大，男性也一样，几乎所有人都对愤怒这种情绪有所误解，只是，有些误解对女性的负面影响更大。根据我们的临床经验以及调查访谈结果，我们已经确定了对愤怒的七种误解，正是这些误解对女性造成了严重的伤害。

误解 1：愤怒有罪

根据这种误解，我们都应该“收起”怒气或者避免发怒。也就是说，我们只要允许自己发怒，就是在犯罪。

这种误解是七种误解中最危险的、也是最荒谬的，但还是有很多人相信。我在书中、在生活中、在广播里、在我的咨询室里经常接触到抱有这种错误想法的人。

“我真的没有什么可愤怒、可沮丧的，”帕蒂长叹一声，然后说，“这也是为什么这些情绪让我如此困惑。虽然我知道自己不该有这种想法，但我就是很愤怒！”帕蒂曾经来找过我，希望我能帮助她了解和应对自己与日俱增的愤怒和怨恨，而它们都是针对她的丈夫和孩子的。

帕蒂和罗杰已经结婚八年了，他们有三个孩子，一个孩子七岁，还有两个小一点的，还没有开始上学。罗杰作为丈夫和父亲很称职，他的工作薪酬很高，但要经常出差。当我和帕蒂交谈的时候，我能很明显地看出她对目前的生活感到沮丧。“虽然我喜欢自己作为妻子和母亲的角色，但这就是生活的全部吗？我觉得我能做的肯定不只这些。”

如果你是心理咨询师，那么你如何看待帕蒂的处境？这种处境有什么问题吗？你会采取什么方法应对这种处境？以下是看待帕蒂处境的两种不同的方式。

一种方式是，如果你相信误解 1，那么你可能认为帕蒂的愤怒是不合理、不恰当的，是她罪恶的本性或不成熟的思想造成了这种情绪。在一次妇女大会上，帕蒂曾经和一位有过同样经历的发言者交谈过。

对方告诉帕蒂，帕蒂应该心存感激，感激自己的丈夫能养家糊口，感激自己的三个孩子身体健康。

然而，帕蒂的很多愤怒可能是合理的、恰当的、现实的。虽然她的心愿很美好，但她却陷入了母亲这个身份带给她的困境，迫使她只能依靠丈夫和孩子生活。帕蒂的愤怒是一种信号，表示事情不对劲，需要讨论。她认为，“好母亲”应该始终把家人的需求放在自我需求之前，甚至完全不考虑自我需求。但是，照顾家人不代表自己要倾尽所有，不一定要非此即彼，也可以两者兼顾。

另一种方式认为，愤怒是很平常的事情，愤怒无罪。然而，如果我们不承认自己有愤怒这种情绪，也不采取措施加以应对，那么罪恶就会趁机侵入我们的生活。如果我们纵容自己的愤怒滋生痛苦、愤恨、绝不宽恕等情绪，或产生让别人为他们的错误“付出代价”的想法，那么我们就有可能是在用罪恶的方式表达自己的愤怒。

> 愤怒无罪。然而，如果我们不承认自己有愤怒这种情绪，也不采取措施加以应对，那么罪恶就会趁机侵入我们的生活。

在对愤怒的误解中，最常见的一种就是无法区分愤怒和愤怒的表达方式。这个误解困扰了很多人，以至于他们无法完全理解、欣赏愤怒这种情绪，更无法用这种与生俱来的情绪去帮助、治愈他人，反而会用这种情绪去伤害他人。

误解2：只要不表现出来，愤怒就不是问题

这种误解假定：无论什么时候，只要我们产生某种情绪，都可能会意识到它的存在，并且忍不住将这种情绪表现在脸上。有些人确实很难掩饰自己的情绪，就连陌生人都能看出他们脸上的情绪变化，并

猜出他们的心思。但对很多人来说，事实并非如此。

多年来我发现，我们有时总能从他人平静、无害的表情背后窥探到对方的愤怒。以下是我这些年来收集的一些例子，人们经常会使用下面这些说法来表达“我很愤怒”：

你总是……	你从未……
我很沮丧	我希望……
我很失望	我只是不明白为什么
不公平	我很郁闷
你应该／不应该……	我心情不好
我不舒服，对……烦透了	你什么时候才能……
抱歉	我受够了

人们在愤怒的时候会用到上面这些方式，但他们往往察觉不到自己在发怒，或者他们就算察觉到了，也已经学会了压抑、克制、否认或无视自己的愤怒。

误解 3：好女孩不会愤怒——即便愤怒，也不会表现出来

在过去，女性一直都被误导——发怒是不对的。例如，在维多利亚时代的英国，女性甚至连愤怒这种感觉都不允许产生，因为愤怒和女人味是对立的。一位维多利亚时代的作家这样描述他那愤怒的妻子：“她所有的女性魅力，如豁达、精致和尊贵，都屈服于愤怒这个恶魔，它扼杀了她所有的女人味与温柔。”实际上，愤怒和一个人的好坏并不相干。

接受问卷调查的女性为我们描述了“好女孩”的其他一些特征。好女孩不但不会发怒，而且很软弱、没有主见、不会反对别人，尤其不会反对男性。

所有这些“误解”背后的言外之意就是：变成“好女孩”意味

着你要心甘情愿地躲在男人的背后，有形无声，不起波澜，你的存在就是要让你的男人看起来更体面、更聪明、更强大。这些看法都反映出了社会对女强人的不满。心理治疗师西莉亚·哈拉斯（Celia Halas）说：

[愤怒]是一种情绪，女性表达愤怒的频率远低于男性。事实上，男性通常在表达愤怒的时候感觉特别舒服，他们能随心所欲地表达愤怒，而且毫不在意自己这样做是否会给别人带来麻烦……但女性通常不敢表达自己的愤怒，她们受到的教导是表达愤怒不是淑女所为。

男性和女性的确在表达爱意、愤怒和其他情绪方面有所不同。然而，这种差异的产生并不是因为女性天生“情绪化”，而男性天生“理性化”。或者，正如某位女性所说，是“因为女性天生‘直率’，而男性天生‘缺乏情感’”。研究发现，男性与女性在感受情绪的种类和强烈程度上差异不大。在表达情绪的方式上，男性和女性之间的很多差异是由文化期望导致的。人们期望、允许、要求女性表达某些情绪，男性则被要求否认或克制这些情绪。

很多人仍然认为男性表达愤怒和自信是有男人味的，而女性这样做则是没有女人味的。女性发怒仍然为社会所禁止。对很多女性而言，这让她们潜意识里在表达己见、表达自己与男性的不同意见，或表现自信或竞争力等方面变得非常焦虑。

与那些为了自己的信仰而战斗甚至牺牲的男性英雄不同，愤怒或好斗的女性可能确实会让人反感。对此，你会想到哪些女性形象呢？抵触男性、动不动就对男性发泄愤怒和怨恨的“愤世者”？背地里用残酷的手段将丈夫玩弄于股掌之间的被动攻击型家庭主妇？从厨房的另一头把锅碗瓢盆砸过来，然后继续歇斯底里地像孩子一样无理取闹、脾气暴躁的“女疯子”？这些常见的女性形象是对女性的偏见，不仅残酷，还带有性别歧视。

好女人有爱心，有同情心，懂得关心爱护他人；好女人会气馁、会受伤、会感到沮丧和恐惧，同样也会感到愤怒。当然，好女人也知道如何通过各种合理的方式来表达内心的愤怒。

误解 4：发怒是自私的行为

在美国文化中，很多女性已经习惯了做守护者，即人际关系的监护人。她们的任务就只是担心别人、保护别人、照顾别人。如果她们把别人照顾得特别好，那么可能之后也会有人照顾她们，为她们带去快乐，满足她们与生俱来的需求，不过这只是可能而已。

每个人的价值都是无限的，都值得被尊重，而且，别人重要并不意味着我们自己不重要。

发怒确实是自私的行为，任何人都很容易因一些不合理的理由发怒。我们内心的骄傲、妒忌、自私、过分的自我关注以及对他人的漫不经心等都可能会导致愤怒。

> 合理地表达愤怒可以彰显自己的尊严。

然而愤怒这一情绪本身不一定是自私的。合理地表达愤怒既可以彰显我们自己的尊严，也可以表明自己的信念很重要，就算为此被他人孤立、反对、排斥、失去自己所爱之人的支持也在所不惜。

误解 5：愤怒通常会导致某种暴力行为，因此愤怒从来都不是好事

艾瑞卡非常自豪地表示自己并不是一个爱发怒的人，在她看来，她甚至很少有过愤怒这种情绪。但是，她确实承认自己经常健忘、容

易逃避问题、常常迟到、喜欢转移话题，还擅长使用微妙的讽刺。

艾瑞卡在介绍家庭情况时谈到，她父亲曾经是个酒鬼。“我会听他说话的腔调，看他脸上的表情，他的一些特殊表情和声音总能让我判断出他晚上会不会殴打我的母亲。我总是能判断正确，因为我父亲每次发怒不是殴打我的母亲，就是殴打我们中某一个孩子。所以我必须得提前把他们召集起来，带他们躲出去。”

在很小的时候，艾瑞卡就知道了愤怒等同于暴力。她曾发誓永远不会成为像父亲那样的人，所以她干脆否认自己会愤怒。她认为，如果她永远都不发怒，那么她就永远不会变得暴力。所以在短短几个月内，她就学会了如何区分愤怒，也学会了如何变换各种方式来表达愤怒。

然而，艾瑞卡还是经常能感受到愤怒这种情绪，只不过她找到了不同的方式来表达愤怒。虽然她被动、间接地表达愤怒的方式，不如父亲主动、直接地表达愤怒的方式那样暴力，但这两种方式都是不合理的。艾瑞卡否认愤怒，只是为了掩盖她内心深处的痛苦和需求，掩盖她自己和所爱之人的担忧。

误解 6：愤怒是爱的对立面

我常听人说，愤怒是爱的对立面——愤怒和爱不能混为一谈。但我不这样认为。我认为，愤怒不是爱的对立面。我们可以选择用不友善、不友爱的方式表达愤怒，但不管怎样，我认为爱的真正对立面是漠不关心。

漠不关心即不关心，不允许自己表现出关心。漠不关心是袖手旁观、等待、观望、保持中立，是不付出、不投入、不参与、不冒险。漠不关心是一种既不热情也不冷淡的态度，也就是不冷不热。

持有“愤怒是爱的对立面”误解的人会认为：“如果你爱我，你就不该对我发怒。”事实上，在一段亲密关系中，双方都拥有表达情绪的自由。这种情绪包括所有的情绪，既可以是开心的，也可以是痛苦的。健康的人际关系不仅允许双方有愤怒情绪，还鼓励双方产生愤怒情绪。

合理地表达愤怒是以一种更强有力的方式来传递我们的爱。合理地表达愤怒正是在表明某些事或某个人是珍贵的、重要的、值得维护的。事实上，没有愤怒就无法拥有真爱。确认两个人的关系健康与否，需要回答的问题之一就是：我们彼此是否足够相爱、足够信任，以至于我们相信即使对方发怒也不会影响我们之间的感情。

有时，即便两个人相处融洽，分歧也在所难免。一方面，正是这些分歧让我们相聚在一起；另一方面，这些分歧是让我们感到痛苦、挫败的根源。解决分歧的过程让我们的心融为一体，让我们体验到真爱的广度和深度。

愤怒和爱是两种不同的情绪，爱得越深就越有可能感到挫败和痛苦，进而引发愤怒。如果我们不触及愤怒这种情绪，也不对此进行沟通与交流，就会导致我们与家人、朋友之间无法了解彼此的痛苦和遭遇的挫折，我们也会因此失去一个能够更好地了解对方的机会。

误解 7：表达愤怒，会让自己被羞辱、被惩罚或被排斥

> 她们害怕的是，如果承认自己很愤怒，就会被抛弃、被惩罚、被报复，或者失去对方的爱。

有些女性不敢表达自己的愤怒，是因为她们害怕遭到报复。她们害怕的是，如果承认自己很愤怒，就会被抛弃、被惩罚、被报复，或者失去对方的爱。有位女性说：“如果我表达愤怒，我就要为此付出代价。或早或晚，我都要为此付出代价。”正因为这样，很多女性从不去了解这种与

生俱来的情绪，所以她们不知道如何用合理的、有益的方式把自己的愤怒表达出来。

你对愤怒情绪有哪些恐惧或担忧？一些女性在研讨会上对“一旦想到自己会贸然发怒，我就害怕自己会……”进行了回答。

失控	失去工作
不被人喜欢	吓到或伤害到某人
身体受伤	失去信誉
被称为弱者	被贴上敏感的标签
被嘲笑	感到内疚
被称为过度情绪化的人	被贴上不专业的标签

参与调查的很多女性表示，一旦她们发现自己有需求、有情绪，尤其是愤怒这种情绪，她们就会感到羞愧。还有很多女性说，在感到愤怒的同时，她们自己也会感到内疚和羞愧。当她们通过说“不”或说出自己想要的东西来维护自己的利益时，这些痛苦的感受会更加强烈。

《韦氏词典》是这样定义“羞愧”一词的，即“一种因自己的过失、无能、无礼或过错而产生的不安或痛苦的感受”。根据我们的经验，这种感受程度差别非常大：有的人仅仅会感到些许尴尬，有的人则会认为那是奇耻大辱，还有的人会自我否定、自我厌恶，甚至会产生自杀的念头。

对羞愧这一感受的正确理解是认为“我做错了一些事”，不正确的理解则是直接认为“我做什么都是错的”。前者在评判自己的行为时，能积极地从错误中吸取教训，并予以改正；而后者在评判自己的行为时，会将自己的错误不断地放大，以致最后无论做什么事，都嫌自己做得不够好，因为在他的心中，绝望和气馁早已取代了希望。

有时，愤怒情绪让我们感觉自己格格不入或形单影只。表达愤怒就是在表明你与别人的不同，即使是合理的愤怒表达，也要求我们立场鲜明，要清楚什么是重要的，以及与他人暂时保持距离。

换句话说，误解 7 还是有些道理的。如果我们自己表现出脆弱，那我们就有可能被他人利用。如果我们表现出对他人的关心和同情、暴露自己的情绪，那么可能会有人认为我们很无能，甚至指责批评我们。如果我们表达愤怒，我们就可能会被羞辱、被惩罚，甚至被排斥，这才是真正的风险。

但是，有时就算你没有表达自己的愤怒，也有可能受到他人的羞辱、惩罚或排斥。正是这种恐惧控制了你，也让他人种种不负责任的行为禁锢了你的言行。这不仅会让对方更加不成熟，还会使你们之间彻底失去沟通与理解的机会，妨碍彼此的成长与进步。

通过合理地表达愤怒，你可以更准确地传达自己的真实想法和对某些问题的强烈感受，可以让人们更清楚地看到问题、承认问题和理解问题。这恰恰是解决冲突的基础，它能使人与人之间的关系更容易往好的方向发展。

测一测你对愤怒的误解的看法

下面列出了关于愤怒的七种常见的误解，这些误解可能会潜移默化地影响你思考问题的方式，左右你的言行。请单独在一张纸上，用自己的话写下你对这些误解的看法。

误解 1：愤怒有罪，我们应该“收起”怒气或者避免发怒。我们只要允许自己发怒，就是在犯罪。

误解 2：只要不表现出来，愤怒就不是问题。

误解 3：好女孩不会愤怒——即便愤怒，也不会表现出来。

误解 4：发怒是自私的行为。

误解 5：愤怒通常导致某种暴力行为，因此愤怒从来都不是好事。

误解 6：愤怒是爱的对立面。

误解 7：表达愤怒，会让自己被羞辱、被惩罚或被排斥。

第 5 章

愤怒的不同表达形式

It's Okay to Be

Angry

A Woman's Guide to Healthy Emotions

加里·J. 奥利弗

愤怒有很多种表现形式，人们往往会变换各种形式来隐藏自己的愤怒。我们每个人在应对愤怒这种情绪的时候都有属于自己的独特风格。在前面的章节中，我们调查并讨论了几种常见的由愤怒引发的问题，其中一些问题之所以变得那么严重，主要是因为人们表达愤怒的方式与风格存在差异。在本章中我们将针对表达愤怒的三种不同风格展开讨论。

不久前，我曾邀请一些女性参与一项调查，让她们说出一些自己曾听到的人们用来描述或表达愤怒的词汇。还没等她们说完，我就已经洋洋洒洒地写满了两页纸。以下是她们想到的一些词汇：

侮辱	令人不快	挫败
烦躁	批评	受够了
焦躁不安	冷静	气愤
恼怒	暴躁	狂暴
憎恶	发火	悲伤
高亢	轻视	抱怨
不和	轻蔑	不满
妒忌	厌恶	不停地抱怨
愤愤不平	暴怒	心怀愤恨
发怒	恼火	怀有敌意
非常生气	爆发	激动

怒气冲冲	略生气	怒火中烧
受伤	喜怒无常	火气慢慢上来
厌烦	不爽	怀有恶意
愤怒	受到冒犯	生闷气
脾气暴躁	挑衅	烦恼
恶意	盛怒	小脾气
被激怒	咆哮	敏感
狂怒	怒吼	口角
激怒	反感	着急
愤慨	愤恨	恶毒
嫉妒	被惹火	受伤
疯狂	嘲讽的	十分生气
有意的	受到鄙视	震怒

接着，我又让她们列出了一些人们用来描述和表达愤怒的短语，以下是最常见的几个短语：

爆炸	突然爆发	冷静下来
大发雷霆	勃然大怒	暴走
冒火	一吐为快	忍气吞声
平息怒火	气冲冲	完全失控
越来越生气	怒发冲冠	暴跳如雷

我们小时候有过多次发怒的经历。我们一开始可能会意识到自己发怒了，但由于类似事件反复上演，久而久之，这种有意识的发怒会变成一种无意识的发怒。由于这些发怒的反应看起来非常自然，因此许多人相信自己生来就会做出这样的反应。他们认为自己会发怒是先天就会的，并且可以做出改变。

愤怒表达的三种风格

做出改变的第一步，也是最简单的一步，就是确定自己表达愤怒的方式属于哪种风格。谈到如何应对愤怒，大多数人发怒的方式往往属于我们即将讨论的三种风格中的一种。有些人可能会对某种情况做出一些无意识的反应，虽然这部分人对于同种情况的反应可能并非完全一致，但是在大多时候，他们做出的反应差不多。

> 有些人不仅无法确定自己属于哪种愤怒风格，也无力对此做出任何改变，于是发怒很可能就会变成他们的一种固定习惯。

有些人不仅无法确定自己属于哪种愤怒风格，也无力对此做出任何改变，于是发怒很可能就会变成他们的一种固定习惯。这样的人不仅很容易被过去的事情困扰，也很容易因当前的处境而遭受折磨。

来找我做心理咨询的一些女性分别给这三种不健康的愤怒风格起了非常生动的名字。当你读到下面对这些风格的描述时，想想哪一种风格最贴近你的反应。

奶油泡芙型

帕蒂来找我做心理咨询，她走进我的办公室，非常冷静地跟我说她不确定自己为什么要来我这儿。她说："如果不是医生坚持让我来做几次心理咨询，我自己怕是永远都不会来。"帕蒂因为胃部不适和睡眠问题去看了内科医生，但医生在她身上没发现任何问题，所以把帕蒂介绍给了几位专家，最后专家又把她介绍给了我，因为这位医生和那几位专家总结出，帕蒂的胃部不适和睡眠问题都不是由生理原因引起的。

帕蒂给我讲了她的经历，通过她的讲述，我发现帕蒂的问题在于她对愤怒这种情绪存在着误解，而且她不能很好地处理这种情绪。有一次，她直接对我说："我就是一块奶油泡芙，外表光鲜亮丽，但中看不中用，我承受不了任何压力，也很容易崩溃。"我告诉帕蒂，不只她一个人这么觉得，还有许多女性，甚至包括一些男性，都会觉得自己像块奶油泡芙。

玛丽·凯·比亚乔（Mary Kay Biaggio）教授是俄勒冈大学职业心理学研究生院的项目主管，研究愤怒这种情绪将近 10 年了。她的研究表明，当女性和男性面对相同的情况时，尽管女性也感到愤怒，甚至愤怒程度可能与男性差不多，但她们更可能去压制和隐藏愤怒，而男性则更有可能把愤怒表露出来。

然而，压制愤怒会付出代价。对许多女性来说，"长期压制内心的愤怒可能会让她们更容易自卑、无力，她们甚至不敢承认一开始引发她们愤怒的外在因素，如他人的挑衅或不公"。

帕蒂一生中的大部分时间都在让别人帮她做重要决定，她很喜欢听从别人的指示。她知道，做一个贤妻良母就意味着要照顾好家里的每一个人。很多时候，她会感到绝望、无助、拘束、无力，但同时，她又为自己有这样的感受而内疚。

一路走来，帕蒂才明白自己并不重要。她害怕被拒绝、批评、反对，也害怕犯错，因为她既意识不到自己的情绪，也无法直面自己的问题，所以身体才更容易出问题。

现在你可能已经意识到：奶油泡芙型的人的主要特征就是被动。她们总是不愿明确地表达自己的想法和感受，尤其是当知道自己的观点可能会让一些人不舒服的时候，她们就更加不愿表达出来。她们把自己所有的精力都用在保护他人、维护和谐的人际关系上面。

典型的奶油泡芙型性格的其他特征包括：

压制愤怒	容易内疚
冲自己发脾气	过度控制情绪
冷漠	被动反应
逃避问题	为他人负责
避免冲突	自我谴责
拒绝接受（现实）	自怨自艾
依赖（他人）	过度羞愧

奶油泡芙型的人通常无法和别人分享自己的合理需求和顾虑，所以周围的人也就意识不到他们的痛苦。时间久了，他们也就越来越意识不到自己的感受、想法和需求了。他们总是尽量避免任何直接表达愤怒的情况。正常的人会适当地通过愤怒来表达对某件事情的不满，但奶油泡芙型的人却可能会保持沉默。她们更可能说“对不起”，而不是“我有点受伤”“我害怕”“我很沮丧”“我生气了”。她们总是进行没有必要的道歉。

帕蒂有一次找我咨询的时候说：“结婚 22 年来，我听到本说‘对不起’的次数用一只手就能数得过来。我告诉自己，他是个男人，所以道歉对他来说很难，指望他道歉那是不可能的。”当帕蒂觉得道歉有必要的时候，她会替本道歉。

从短期来看，为自己没有做过的事情道歉似乎更简单、更保险。这样的道歉往往能息事宁人、避免后续的矛盾与冲突，但是从长远来看，这样的做法会带来很多严重的后果：替过错方道歉会让他逃避责任，让他更加不成熟、不懂事、不负责任，也让他对生活中的很多问题变得越来越麻木。对我们所爱的人来说，像这种不适当的道歉会阻碍他们的成长与进步。

虽然奶油泡芙型的人像躲避瘟疫一样避免冲突的发生，但他们却解决不了引发冲突最根本的问题，因此，一再避免冲突的发生反而会引发一系列的负面后果。首先，因为我们并没有解决问题，所以问题依然存在。并且，它不仅存在，还会持续发酵，继而加深我们的痛苦和恐惧，使我们感到更加害怕、伤心、受挫和愤怒。

如果任由这些感受在内心郁积，我们就会变得更加绝望和无助。继续忽视引发冲突的问题，也只会让我们觉得自己没用、无力改变现状。而且，我们往往更容易关注问题本身，而忽略了自己解决问题的能力。

然后，我们很容易把之前累积的、本应适当发泄到别人身上的愤怒，不适当地发泄到自己身上。结果呢？我们束手无策、备受打击，感到无比沮丧、内疚和羞愧，什么也做不了。

当我们在与他人相处的过程中选择让步、放弃、妥协时，当我们为他人的幸福承担责任时，当我们明知道诸事不顺却假装一切顺利时，当我们对别人格外关注却无视我们自己时，我们不可避免地会感到痛苦。

我小时候喜欢打水仗，玩水枪也不错，不过要是手上拿着的是一根长水管，就更有趣了。我会把水流开到最大，再弄弯水管增加压力，然后找准时机把水管弄直，让水飞泻而出。水流中断的时间越长，水压就越大，我能造成的破坏也就越大。

表面上看，奶油泡芙型的人已经能够关上自己愤怒的水龙头，但实际上，他们还真做不到。因为虽然他们能在有限的时间内阻止这种情绪波动，不让内心的愤怒表达出来，但他们仍然会感到愤怒。当压力累积到一定程度，愤怒就会像洪水一样倾泻而出。如果他们不知道如何合理地表达愤怒，那么愤怒自己就会找到一种方式来表达自己，而这种方式通常是不合理、具有破坏性的。

奶油泡芙型的人会发脾气吗？当然会。但是当这类人被激怒时，他们通常什么也不会说。大多数人把愤怒想象成一些火热的东西，比如一腔熊熊的怒火或一座喷发的火山，但奶油泡芙型的人发怒时通常不露神色、更冷淡。哪怕发现一丁点儿即将发怒的迹象，他们的第一反应都是立即压制愤怒。

压制愤怒是什么意思呢？压制的含义包括：抑制、用武力镇压、压抑自然或正常的情绪表达、阻止某事的发展态势，等等。当我在压制自己的愤怒时，我意识到自己发怒了，但通过大量练习之后，我能把这种情绪压下去，所以很少有人知道我发怒了。如果我继续压制自己的愤怒，这种情绪过一段时间就可能被压下去。在压制愤怒的过程中，我渐渐地感觉不到愤怒，直到完全意识不到它的存在。有些人正是因为意识不到自己的愤怒，所以表达愤怒的方式总具有破坏性。这些人对愤怒几乎无能为力，因为他们真的意识不到愤怒，更无法确定引发愤怒的原因。

奶油泡芙型的人就像没有马达、船桨和船帆的小船，在大海上漫无目的地漂流，风把他们吹到哪儿，他们就在哪儿。不过他们并非完全没有希望，因为愤怒这种与生俱来的情绪算得上一种动力源泉，可以让这些人摆脱低迷状态，朝健康有益的方向前进。

火车头型

火车头型的人和奶油泡芙型的人的性格特征恰好相反。事实上，许多奶油泡芙型的人很被动的一个原因是害怕，害怕如果任由自己发怒，他们就会变成火车头型的人。以下是一些火车头型的性格特征，看看与奶油泡芙型有哪些不同：

喜欢对别人发脾气
会当众嘲讽（他人）
好斗的
挑剔
喜欢嘲弄他人
被动的
无所不知、无所不晓
亲密无间的朋友很少
有敌意
吵闹
令人生厌
过度自我关心
过于争强好胜
对权力贪得无厌
有暴力倾向
爱惩罚人
会迅速推卸责任
盛怒
肤浅
疑心重
不负责任

火车头型的人根本不会顾忌别人的感受或看法，这类人很毒舌，特别喜欢批评、贬损和羞辱他人。他们虽然表面上看起来很自信，但内心充满了恐惧和不安。

火车头型的人特别希望能得到别人的认同，但是自己很难去称赞别人，称赞别人反而会让他们觉得真正应该被称赞的人是自己。火车头型的人需要保证自己永远都不会犯错，因为一旦出错，他们就会变得非常刻薄和冷漠。

奶油泡芙型的人属于被动反应型，不会特别关注自己的正当需求，而火车头型的人属于攻击型，不会特别关注别人的需求和权益。奶油泡芙型的人通常会将愤怒藏在心底，而火车头型的人一般会让愤怒爆发出来。一旦火车头型的人发怒，周围的所有人都会知道，而且视线范围内的所有人都有被呵斥和责备的危险。

如果火车头型的人本来就火冒三丈了，又受到别人的挑衅，那他们就很可能会攻击、贬损和羞辱他人。火车头型的人在说话时经常会侵犯到他人的尊严和权益。

有些人习惯把愤怒发泄到别人身上，但这种发泄并不会让他们内心的愤怒有丝毫减弱，相反，他们会越来越愤怒，愤怒的次数也会越来越多。当他们选择用一种攻击型的风格应对愤怒的时候，就很容易把愤怒转化为盛怒，用不了多久，他们的情绪就会崩溃，然后变得特别疯狂，还会大吐苦水。

许多火车头型的人小时候就在家里长期忍受着父母的排斥和敌意。父母经常对他们发怒，而在他们家里，所有人都不知道如何合理地表达愤怒。他们慢慢懂得，攻击这种方式很有用，既能与人保持一定的距离，让别人无法伤害自己，同时也能报复那些伤害过自己的人。然而，如果你能深入观察，就会发现他们那些粗暴的行为背后隐藏着很多伤痛和恐惧。

> 攻击通常是绝望的表现，是想要克服挫败感和无力感的一种尝试。

攻击通常是绝望的表现，是想要克服挫败感和无力感的一种尝试。虽然攻击可能会让我们即刻获得一定程度的满足与安慰，但这些感受持续不了多久。当我们与别人对立争执时，很可能会把问题变得更严重。当我们产生消极情绪时，很可能会把消极情绪传递给更多人。攻击可能会招致别人的反击，逼迫、压制、伤害只会让别人远离我们，只会让彼此的分歧越来越大，矛盾越来越多。

火车头型的人还有希望做出改变吗？苏珊·雅各比（Susan Jacoby）分享了一个鼓舞人心的故事，故事中给出的答案是“有”。

我总要为自己在气头上说的话而向别人道歉。我发脾气的对象既有我爱的人，也有我不喜欢的人，我的家人、朋友、同事、陌生人，甚至连我老板都被我吼过。

我 23 岁的时候，工作上发生了一件事，逐渐改变了我的生活。我那时加入了一个调查记者团队，团队当时的负责人被调到了报社的其他部门，所以报社想让鲍勃接替原来负责人的工作。我们所有人都很喜欢鲍勃，所以当他拒绝接替该职位时，我们都失望极了。之后，一位老编辑把我叫到了办公室，对我说，正是因为我，鲍勃才会拒绝做团队负责人，因为每次我被批评的时候都会大发雷霆。

老编辑解释道："鲍勃告诉我，因为你，工作上的每次小争执最后都会演变成一场世纪大战，鲍勃拒绝这份工作仅仅是因为他不想让自己因工作而被卷入同事之间的战争。"然后那位老编辑说了一些那时让我非常受伤的话，但事实证明那些话给了我巨大的帮助。"我们知道，"那位老编辑说，"你非常有才华，如果不是这样，你早就被解雇了，因为和你一起工作真的很难。每次别人一批评你，即使这些批评是合理的，你也会立马就炸。如果批评得不合理，除了尖叫和辱骂，你根本就不知道如何让其他人接受你的想法。如果你以后继续这样，不懂得换一种方式来表达愤怒，那么愤怒早晚会毁了你。"

听到他这样说，我感到很受伤、很丢脸。第一次，对于别人的批评，我竟然无言以对。确实，每次情绪爆发完，我通常会很快忘记，而这次事件让我知道，别人不会那么轻易忘记。

当意识到这一点后，我开始努力控制自己的愤怒——努力将芝麻小事和真正重要的事情区分开，即便遇到真值得发怒的事情，我也避免用两败俱伤的方式来表达。我现在 39 岁了，还是没法完全控制愤怒——但我已经改变了很多。

当说到让大家确定自己不健康的愤怒风格到底属于哪一种时，绝大多数人会把自己划分到奶油泡芙型或火车头型这两种风格中。但是相比这两种风格，还有一种愤怒风格在某些方面表现得更微妙复杂，但同样不健康。

钢木兰型

“被动攻击”这个词最早出现在第二次世界大战时期，被用来描述某些士兵的行为。军队有着高度结构化的组织方式，需要确保军队整体高度统一、服从命令，因此，军队不鼓励个性化。在这种环境下，大家观察到，一些发展不顺利的士兵会通过一些特定行为，比如公然反抗、无视命令、愤然离去等来展现自己的个性。

一旦你遇上钢木兰型女性，你对她的第一印象就很少会和后来的印象一样。从外貌来看，你会看到一个可爱甜美如木兰花一样的女子，但相处久了，你就会发现她的内心坚硬如钢。不但她自己的内心很矛盾，别人对她的看法也充满了各种矛盾。她擅长使用迂回战术，让你既想信任她，又觉得不能信任她。

奶油泡芙型的人为了得到认可会屈服于他人的愿望和需求，所以你可以信任她；火车头型的人为了得到认可会无视他人的愿望和需求，但是你也可以信任她。因为这两种人都不会说变就变。但是，你就是不敢相信钢木兰型的人，他可能看起来对他人的愿望和需求很在意，但做起事来随心所欲，完全不顾别人的感受；他可能看起来很被动，但实际上相当具有攻击性。

钢木兰型的人看似沉着、冷静、泰然自若，但就在这平静的表面之下藏着一口大锅，锅里满是沸腾着的痛苦和愤恨。每个被动攻击者的心里都藏着还未消散的愤怒，这愤怒可以被否定、伪装、压制、湮没，或者被称作其他东西，但从未完全消失。

钢木兰型的人不会直接表达自己的需求，而是会间接表达。如果你惹怒或者妨碍到他们，你就有大麻烦了。他们可能看起来很敏感、很脆弱，但你不要太大意，他们“坚强”的一面很快就会显露出来。

钢木兰型的人使用的最有效的手段就是讽刺，他们既可以用讽刺来表达愤怒，同时又能保证自己的安全。讽刺既是一种攻击方式，同时又表现不出很明显的敌意。久而久之，使用这种策略的人可能会跟自己说他们没有觉得这是在攻击别人。

讽刺别人的时候，钢木兰型的人会用微笑和笑话来掩饰自己内心的愤怒。也就是说，具有讽刺意味且并没有那么有趣的笑话，不会把你逗笑，只会让你感到局促不安，有些有趣的看法同样也是话中带刺。虽然讽刺可以向别人传递一些信息，但我们不鼓励用讽刺报复别人，因为讽刺给你留有的余地不多。如果你和钢木兰型的人正面交锋，那么他们会否认自己发怒了。如果你对暗含讽刺意味的笑话做出愤怒回应，那么最糟糕的情况是，他们可能会指责你很消极，或者一点儿也不幽默。

当你和一个钢木兰型的人打交道时，要学会确认到底发生了什么事。如果你每次都觉得对方话中有话，那么可能真是如此，请不要忽视自己的不适、失望和困惑；如果你对对方的话无所谓，那对方这么说可能真没有什么目的；如果你总是觉得被贬低，但又没有得到有助益的批评，那么可能对方真正的目的就只是贬低你；如果你觉得某个笑话伤人，那么可能说明那个笑话的确充满恶意讽刺，而不是无害的玩笑。

以下是钢木兰型的人的一些特征，请注意其中哪些特征表现了这类人对愤怒的无声反抗。

含糊不清	善变	拖延症
粗心大意	撒谎	愤恨
经常迟到	找借口	冷暴力
亲密恐惧症	误解	倔强、固执
健忘	信息混杂	暗讽
制造混乱	蓄意阻挠	生闷气

虽然没有研究人员比较过钢木兰型的男性和女性的数量，但似乎很多女性的愤怒风格偏向于钢木兰型。雷蒙德·迪吉斯伯（Raymond DiGiuseppe）对 1300 人展开过一项调查，参与者的年龄在 18 岁到 90 岁之间。调查发现，与男性相比，女性愤怒的时间更长、程度更深，表达愤怒的可能性更小……女性还会通过和很多人“绝交”来间接攻击别人，因为她们内心的愤怒得不到释放，所以她们打算永远不再和那些人说话。

我们该如何应对不同愤怒风格的人

我们前面讨论的三种愤怒风格之所以不健康、解决不了问题的一个主要原因就是，这些表达愤怒的方式否定了真实的自我。当我们隐藏、压抑、压制、否认、忽视或宣泄心中的愤怒时，我们会忽略愤怒背后潜藏的重要信息，即我们不知道是哪种原始情绪（primary emotion）引发了愤怒。

> 愤恨和盛怒让愤怒者们无法应对内心的恐惧和伤痛，他们的愈合与修复能力也受到限制。

愤怒的人会否认自己内心真正的悲伤和痛苦。愤恨和盛怒让这些人无法应对内心的恐惧和伤痛，他们的愈合与修复能力也受到限制。如果我们继续逃避，不直面生活中真正的问题，那么我们怎么能醒悟？怎么能原谅自己和他人？又如何健康地成长？

到目前为止，我们讨论的三种愤怒风格都提到了一些不合理的反应方式。这些不合理的反应通常是在我们的个人价值、生命安全遭受威胁时产生的一种自动的、无意识的反应。这三种风格都是不正常的。

我们应该学会一种合理的应对愤怒的方式，它不是一种自动反应，而是一种我们经过思考做出的理性应对。这是一种“可以发怒但不能犯罪”的回应方式，是一种自信的应对方式。

遗憾的是，人们经常把“自信”和“攻击”相混淆，但实际上这两个词有很大的差异。索尼娅·弗里德曼（Sonya Friedman）是这么说的：

自信和攻击有很大区别，原因是：自信就像在驾驶一辆最新款凯迪拉克汽车，转向时拥有道路选择的优先权，而攻击就像在一场德比撞车大赛中蓄意撞上另一辆车；攻击是以损害他人利益为代价的恶言恶语或玩笑，而自信是把幽默当作外交手段缓和紧张局势，或者通过分享幽默感和他人建立联系；攻击不在乎会造成什么后果，而自信勇于承担责任；自信能避免反复出现的问题持续发酵，而攻击会再三地制造问题；自信是基本礼貌，而攻击的目的是想在自己的生活中摆布他人。

成熟的应对者一般都是自信的人，他清楚自己是怎样的人。他的思想、情感和意志共同作用、互相制衡；他在表达自己的观点时不需要贬损他人；他乐于服务他人，但从不卑躬屈膝；他时而坚强，时而温柔；他并不会被动反应，而是主动应对。

奶油泡芙型的人的愤怒是愤恨，火车头型的人的愤怒是盛怒，而成熟的应对者的愤怒是愤慨。愤慨与前两者有何不同？理查德·沃尔特斯（Richard Walters）写了一本讨论愤怒的书，书中对这三种情绪的影响进行了比较，对我们非常有帮助：

盛怒是想要犯错，愤恨是想要隐藏错误，而愤慨是想要纠正错误；盛怒和愤恨想要摧毁他人，而愤慨想要摧毁邪恶；盛怒和愤恨是想要报复别人，而愤慨是为寻求正义；盛怒由自私支配，愤恨由怯懦支配，愤慨则由仁慈指引；盛怒是一场野战，愤恨是一场游击战，而愤慨是诚实无畏的真理捍卫者；盛怒的人为自己辩护，愤恨的人为现状辩护，而愤慨的人为他人辩护。

盛怒会摧毁人们相互交流的桥梁。愤恨会让人们互相设防，并在暗地里较劲儿，从而间接伤害到彼此。愤慨是有助益的，因为愤慨是想治愈创伤并让人们团结起来，其目的是重建交流桥梁、推倒障碍。不过，愤怒的感觉依然存在，在这一点上，愤慨和盛怒、愤恨是一样的。

如果没有人以成熟的方式应对愤怒，那么我们愤怒的世界将会变得更加可悲。成熟的应对者会有哪些特征呢？

和他人交流愤怒	和他人互帮互助
做事小心	乐于倾听他人
体贴他人	以爱为出发点
有助益的	积极行动
直接交流	给出回应
坚定的	负责任的
适当的羞愧	值得信任的
互利共赢	无私
有愤慨情绪	热心肠的

成熟的应对者可以自由地“用爱说真话”。奶油泡芙型的人经常会用爱说话，但他们因为过于关心别人，所以可能不会有一说一。他们既害怕伤害到对方，也害怕制造事端，所以可能随便说些不会激怒对方的话。火车头型的人通常根本不关心别人的想法或感受，所以更可能根据自己看到的真相说真话，不过这很少出于爱，更可能是想倾诉或发泄，而且倾诉或发泄完后，他们就会立即走人，完全不顾后果。

被激怒时，成熟的应对者一般不会不经思考就立即做出反应，他们的应对方式往往能反映出某些思想或原则。他们知道愤怒的价值，明白要意识到自己的愤怒，并选出适合自己表达愤怒的方式。他们很可能已经训练过自己用更有助益的方式去思考、行动和感受。他们合理地直接向他人表达自己的想法、偏好和情感，这表现出了他们对自己及他人尊严、权益的尊重。他们的回应更有可能让他们同时实现自己的个人目标和关系目标。

对一个有责任心的人来说，愤怒有不可估量的作用，因为对他们来说，愤怒是一种能被很好地引导和使用的力量。

测一测你表达愤怒的风格属于哪一种

1. 在表达愤怒的三种风格中，哪一种最贴近你的风格？是奶油泡芙型，还是火车头型，又或是钢木兰型？

2. 你是从哪里知道这种风格的？

3. 你如何看待这种风格对自己生活的影响？

4. 对于这种风格，其他人如何回应？请具体说明。

5. 要想让自己成为愤怒的成熟应对者，你可以采取哪些措施？

第 6 章

女性为何容易愤怒

It's Okay to Be

Angry

A Woman's Guide to Healthy Emotions

加里·J. 奥利弗

卡伦一早起床后，感觉自己精疲力竭，她在床上躺了七个小时，但整夜都辗转反侧难以入睡。早在一周前，在帮最好的朋友搬完家后，她的双腿和后背就疼痛不止，直到现在都没有得到缓解。

上午 10 点卡伦要在公司做一场重要的报告。为了有更多的时间做准备，她想早点出门去上班，可她出门的时间还是比平时晚了一会儿，不巧的是，高速公路上的一场事故还导致了交通堵塞。卡伦已经在这家会计师事务所工作了好几年，她工作努力，一直广受好评，却一直没有得到晋升。然而，公司里的一些比她工作经验少、任职时间短的男性员工却在她之前接连得到了晋升。卡伦希望这场报告能帮她赢得应有的晋升机会。

当卡伦最终赶到公司时，老板恰巧路过，并注意到她迟到了，提醒她不要忘记要做一场重要的报告，还告诉卡伦自己对她没有早点来公司感到很失望。

下午，儿子学校的校长给卡伦打来了电话，告诉她，她儿子在学校打架了，放学后必须留校。这意味着儿子会赶不上公共汽车，所以她必须得先去接儿子回家，然后再准备晚饭。她都没时间去考虑晚饭吃什么。下午六点，卡伦刚要把准备好的饭菜端上桌，就接到了丈夫打来的电话，说他还在开会，会议时间延长了，他要晚一个小时到家。

请把前面四段内容再读一遍，站在卡伦的角度思考：在和丈夫说完话后，你挂了电话，这时，你在想什么？你有什么感觉？你想对丈夫说什么？你想对这个世界说什么？你想做什么？

你可能会问："那卡伦做了什么？她有什么反应？"到目前为止，我们从卡伦的角度来看，她在"约束自己"这方面做得非常好。"我觉得我在处理自己的恐惧和失望这方面做得很好，"卡伦有点儿自豪地说，"但是汤姆的电话成了压倒我的最后一根稻草！"卡伦停了下来，目光也向下看去，摇摇头，然后低声说："我失控了！"

我们每个人在情绪失控的时候表现得都不太一样。我们可能会沉默寡言，或者喋喋不休；可能会冷漠自闭，或者攻击伤人；可能会责备他人，或者责备自己；还可能会骂脏话，或者砸东西。卡伦在情绪失控的时候会喋喋不休。她先责怪自己的丈夫，然后是儿子。她抱怨交通堵塞、老板的不公平、儿子的不懂事、丈夫的不体贴、生活的不顺利。"当你把你心中的所有烦闷一吐为快过后，你感觉如何？"我问，"有什么好的影响吗？"

"我倒是希望能有好的影响，"卡伦回答道，"老实说，发完脾气后我感觉全身舒畅。但当这种感觉退去，特别是当看到我儿子脸上惊恐的表情时，我的心情比发脾气前还要糟糕。"

你是否记得在你的生活中，或许也有过这样的一天——你似乎事事不顺，接连遇到各种压力、苛求、打击和批评？当这一天结束的时候，你都想了些什么？你能回忆起自己当时产生了哪些情绪吗？当"最后一根稻草"猝不及防地压在你身上时，你当时的反应是什么？你希望自己如何反应？你还记得自己为什么愤怒吗？

卡伦为什么发怒？是因为帮朋友搬完家后自己身体疼痛不止，是因为晚上没睡好，是因为出门时间比预期时间晚，是因为交通堵塞，是因为做报告有压力，是因为老板批评她了，是因为她看不惯工作中的性别歧视，是因为儿子惹了麻烦，是因为为了接儿子回家不得不改变日程安排，是因为一天结束后精疲力竭仍然要准备晚饭，是因为丈夫打电话说要晚归，还是所有事情堆在一起后让卡伦很愤怒？

我们很难应对愤怒这种情绪的原因之一是造成我们愤怒的来源或者原因并不唯一。根据研究和经验来看，很多情况会引发我们的愤怒情绪。

在《当愤怒破坏我们的家庭时》（*When Anger Hits Home*）一书中，我们确定了引发人们的愤怒的 10 个主要原因，它们分别为：童年经历、生理因素、日积月累的压力、不公、自卑、忧虑、冲突、恐惧、伤害和挫败。1993 年，桑德拉·托马斯（Sandra Thomas）开展了一项关于女性愤怒的研究，有 535 位年龄 25 岁至 66 岁的女性参与了这项大规模调查。该研究揭示了导致女性愤怒的三个常见根源：无力感、不公和他人的不负责任。

在有关愤怒情绪的研讨会、访谈和调查中，我们向女性提出了这样两个问题：哪些具体因素会让你更容易发怒？哪些情况更有可能让你发怒？我们从大约 100 位女性那里收到了 200 多个不同的回答，其中一些最常见的回答包括：

- 被抛弃；
- 变成讨好型的人；
- 与孩子打交道；
- 因自己是女性而受到歧视；
- 他人的无礼；
- 男性的特权；
- 在人多的地方感到不安；

- 为自己感到难过；
- 变老；
- 不得不等待；
- 爱人不喜欢自己；
- 以前的愤怒没有得到很好的处理；
- 自己没有足够的安静时间；
- 自己的感受没有得到重视；
- 别人给我的承诺没有兑现；
- 经前综合征；
- 别人在我背后说闲话；
- 别人对我提出自私的要求；
- 压力；
- 孩子和公婆；
- 疲惫不堪；
- 不公平的比较；
- 不切实际的期待；
- 看到自己长胖的时候；
- 当自己犯错时；
- 当自己得不到别人的关心时；
- 当自己难堪、被人嘲笑时；
- 当自己被利用或被背叛时。

在看完女性列出的以上最常见的回答后，我们能够确定几种会促成女性愤怒的情形。注意，我说的是促成，而不是导致，这两个词有很大的区别。完全相同的事情在五个不同的人身上发生，会产生五种不同的情绪反应。有很多情况会增加一个人发怒的可能性。

但如你所知，愤怒本身不是主要问题，愤怒只是一种症状。真正的问题是，我们很难确定和了解自己的愤怒，因此也就很难选择用合理的方式来表达内心的愤怒。管控愤怒的第一个步骤是确定和了解产生愤怒的根本原因，如果没有这一步，那么我们几乎不可能让愤怒为我们所用。

> 管控愤怒的第一个步骤是确定和了解产生愤怒的根本原因。

双重标准的社会文化环境让女性更容易愤怒

女性为何愤怒？女性愤怒的很多原因和男性大致一样，包括：受伤、遭受攻击、遭遇不公、生活被人打扰、失望、受到威胁、被讽刺或嘲笑、被人误解、恐惧、受到伤害和挫败，等等。不过，虽然在通常情况下让男性和女性发怒的原因很相似，但社会环境和文化环境总会以特殊的方式促使女性发怒。此外，研究发现，女性更可能被亲人或爱人的行为激怒，而男性则更可能被陌生人的行为激怒。

多年来，女性一直受到歧视，但是很少有人会就这一事实进行辩论。为什么会有这样的歧视？仅仅是因为她们身为女性。人们对女性的歧视，有时表现得不露神色，有时表现得明目张胆，这样具有双重标准的社会和文化环境非常不利于女性的发展，女性在这样的情况下不仅更容易感到害怕，也更容易受到伤害、感到挫败，而所有这些害怕、伤害、挫败感都可能成为使女性愤怒的根源。这种具有双重标准的环境更容易让女性发怒。

文化上的双重标准往往体现在许多方面。比如，我们在见到一个发怒的女性时会迅速地把她看成有病的、有问题的、心理不正常的或失去理智的人。在同样的情况下，男性会被认为是“信念坚定的”，而女性则会被视为“固执己见的”。人们通常将男性描述为“自信而强大的领导者”，而拥有同样品质的女性则被视为“刚愎自用”。

当女性直接向男性发怒、提出批评或与男性竞争时，即便她们是在合理地表达愤怒，也通常会被解读成病态的挑衅行为，或者是试图控制男性的表现。当女性发怒时，我听过有人用“敌对的”“霸道的”“控制欲强的”这样的词语来形容女性，而当男性这样发怒时则被称为“坚强的”或“自信的”。面对这样的双重标准，女性更多地会选择忽略、压抑、克制或否认自己的愤怒情绪，当然这样做只会降低女性的价值感，让女性感到更加无能为力。

波士顿大学医学院精神病学教授琼·贝克·米勒（Jean Baker Miller）认为，女性生来就处于社会从属地位，仅这一点就能让女性产生愤怒情绪。而处于主导地位的群体却不允许女性发怒，所以女性不得不压抑自己的愤怒。最终，愤怒会变成更加严重、难以控制的盛怒。人们有时会错误地认为愤怒情绪和挫败情绪是个“无底洞”，所以很多女性可能会惧怕产生这种情绪。

最近的一项民意调查显示，让女性感到愤怒的第二大原因是对家庭分工的不满。女性每周平均比男性多工作 15 个小时，包括做家务。无论以何种标准衡量，这样的分工都是不公平的。一位女性曾告诉我：“我一开始甚至都没有意识到这有什么不对，我觉得大家都是这样的，做家务就是女人该做的事。但 10 年后，我渐渐地开始厌恶鲍勃。我变得更加消极、挑剔，我也不知道这是怎么了。”

这位女性花了近一年时间才意识到，让她不满和愤怒的真正原因并不是她丈夫很糟糕，而是她在这种双重标准下生活了这么多年，内心积聚了无数的痛苦和愤恨，却没有得到丝毫的体谅和抚慰。

另一项研究发现，39% 的女性认为“爱人忽视家庭或孩子”是离婚的主要原因，相比而言，只有26%的男性这样认为。“爱人忽视家庭或孩子”是女性提出离婚的第二大常见理由，排在第一位的是“精神虐待”，排在后面的分别为“财务问题”“身体虐待”“酗酒”和“背叛”。

女性的工作大多是没有回报的

在做咨询的时候，我注意到在生活中，引发愤怒的另一个主要原因是很多人做的都是没有回报的工作。现如今，许多人在工作中扮演着中间人的角色。他们知道自己所做的事情并不是特别重要，而是一系列发挥协调作用的、重复性的任务，工作成果并不显著。如今，很少有人能看到他们工作的最终成果，并为之感到自豪。

任何削弱我们价值感、重要性的东西都会让我们感到更加无力。这种削弱要么会让我们更想获得他人的认同，但更容易被对方利用，要么会促成一种“我不在乎”的情绪。在这种情绪的影响下，人们会通过放弃尝试或发泄愤怒的方式来表达内心的不满。

根据我们的采访和调查，一些母亲和家庭主妇做的大多是没有回报的工作。很多女性表示，家庭主妇是一个孤独且常常吃力不讨好的角色。她们觉得自己是家庭主妇这把“双刃剑”的受害者。如果待在家里，她们就会感觉自己得不到家人的感激和回报；如果离开家去工作，她们又要面临社会的偏见和歧视。

康妮是我们一家的好朋友，她的幽默感让人心情愉悦。在最近的一次聊天中，康妮很好地捕捉到了很多女性的不满情绪。她分享了一件事：上周她的丈夫鲍勃回到家，兴奋地谈论着他刚刚谈成的一笔大订单，还说他可能会得到5000美元的奖金。尤其让鲍勃感到兴奋的是，他的老板还在其他高管面前对他表示了祝贺。

“现在，一方面，我真的为鲍勃和我们的家感到高兴，他为这笔订单努力工作了很长时间，正因为他的努力，我们才能得到这笔奖金。但另一方面，这种情况又让我感到沮丧和愤怒。当鲍勃回到家的时候，我能和他分享些什么事呢？难道我要告诉他，今天我打扫了房间，捡了 7 次两个孩子的玩具，换了 11 块脏兮兮的尿不湿，做了一顿 15 分钟内就能吃完的饭菜，接着愉快地刷了盘子洗了碗？然后，当孩子们上床睡觉的时候，我可以预见下一个惊心动魄的一天——做完全一样的事情。好吧，其实也不完全一样，比如尿不湿的数量可能就不一样。”

“我的赞美在哪里？给我的奖金在哪里？你们难道没有看到刚刚鲍勃跑过来对我说：‘亲爱的，你知不知道，你在使用婴儿湿巾这方面真的太有天赋了。我听说其他妈妈至少要用两到三片湿巾才能把孩子的屁股擦干净，但你只用一片就能搞定。我真的配不上像你这样既有天赋又勤快的妻子。你把孩子们的屁股照顾得这么好，我都不知道该怎么形容我对你的感激了。’”

如今，这对康妮来说也算公平，因为她喜欢做全职妈妈。她不必非得这样，这是她自己的选择。她和鲍勃都认为，从长远来看，她正在做的事情是对她的生活以及现有资源的一项重要投资。有好几次我听到鲍勃说（我知道他是认真的），康妮做的事情远比他做的事情更重要、更有价值。

但与此同时，全职妈妈的确是一份更乏味、更单调、挑战性更小、激励性更小、短期有形回报更少的工作。“我可以告诉自己这没什么，这不要紧，如果我的精力再旺盛一点，就更不要紧了，”康妮说，“但现实是，有时候它们并非不要紧。相反，很多时候，这些对你很重要。”

羞愧让女性忽视自己的个人追求

我们所处社会的文化环境和社会需求让很多女性特别容易遭受过度羞愧的折磨。一位女性写道：“我觉得父母应该给我取名为安飞士（Avis）[①]，因为我是靠自己一个人生活的，所以我觉得我得再努力一点才行。”这位女性的幽默就像是一层薄薄的面纱，遮住了她内心更深层的内疚和羞愧。

适当的羞愧是有帮助的，但一旦把对自己的身份认同建立在羞耻心之上，我们就会过度羞愧。过度羞愧的人只专注于自己的羞耻心，这样就会毒害人们的身心。

过度羞愧的女性往往选择忽略或无视她们自己。她们没有意识到自己的合理需求，对自己的价值知之甚少，不愿意去体验丰富的生活，还因为潜在的绝望和无助，经常放弃成长的机会。

过度羞愧的女性一开始会选择无视自己的感受和需求，后来她们就变得麻木了。和康妮一样，这些女性告诉自己，自己的感受无关紧要、没有用、不重要。事实上，这是身体发育或思想不成熟的表现。

为了和他人相处融洽，过度羞愧的女性会忽视自己的个人追求。毕竟，当今的社会文化认为，女性不就应该是伟大的和事佬吗？和睦的代价往往是女性丧失与生俱来的特性、个性和身份地位。当她们无视自己的幸福时，就更容易为他人的幸福操心。有时，她们甚至会为没有做过的事情承担责任。

---

① Avis 译为“安飞士”，是美国的一家汽车租赁公司，与赫兹（Hertz）汽车租赁集团齐名。——译者注

过度羞愧让她们走上了完美主义的道路，并引导她们欣然接受了靠个人表现赢得掌声的生活。在这种生活中，你的价值取决于你做了什么事、做得有多好，而不取决于你是谁。

慢慢地，这种没有回报、不尽如人意的生活方式，会让她们不得不通过让自己更加忙碌、为自己设定更高的标准、增加自己的内疚感或羞耻感，或者干脆通过彻底的“情绪失控”，使肾上腺素激增，从而麻痹自己内心的痛苦。她们越来越消极，对别人越来越吹毛求疵，因为她们总是很容易关注别人的缺点和问题。如果她们总是关注别人的毛病，那么她们就没有时间来关注自己的事情了。

大卫·希曼德斯（David Seamands）写道：

> 我曾经为一个基督徒提供过咨询。她是一个特别看重个人表现的完美主义者，她本质上并不是一个易怒的人。可这并不意味着她总能意识到自己的愤怒，或者能够大大方方地把愤怒表达出来。她往往给人的印象是极度自律的、充满爱心的。但当我更深入地了解她时，当她敞开心扉，分享自己的内心世界时，我一定会发现隐藏在她内心深处的愤怒。

哪里有愤怒，哪里就有痛苦

痛苦是我们所有人都会经历但不愿谈及的情绪之一。事实上，当每次谈及这种情绪的时候，我们都会回想起痛苦的经历，再次体验当时的痛苦，并再次受伤。慢慢地，痛苦就很容易变成日益加剧的愤恨。

> 基本上，哪里有愤怒，哪里就会有某种程度的伤痛。哪里有伤痛，哪里就有东西坏了，需要修复。

痛苦也是一种令人不适的情绪，经常能够导致愤怒。基本上，哪里有愤怒，哪里就会有某种程度的伤痛。哪里有伤痛，哪里就有东西坏了，需要修复。

当感到痛苦时，我们会变得脆弱、无力、疲惫、绝望、无助。当我们否认或无视伤害所带来的痛苦时，虽然我们可能暂时不会去想它，但这并不意味着痛苦就神奇地消失了。无视不代表忘却。

愤怒筑起一道心墙，保护我们远离痛苦。这道心墙的存在让我们暂时不会受伤，但如果我们一开始就用愤怒的力量解决问题，时间久了，我们一直在回避并试图逃离的问题就会变得更加严重，我们受到的伤害就会比最开始出现的时候更严重。

最终，层层的痛苦、困惑、误解会让人们更难了解造成这种情况的前因后果。不幸的是，压抑的痛苦会持续多年，就像从篝火中燃起的烟雾，愤怒会从痛苦的余烬中升起。这种压抑多年的痛苦如果不能得到妥善安置，就可能会突然爆发，从过去具有潜在积极作用的愤怒情绪演变成极具破坏性的盛怒。

痛苦会让我们的情绪衰竭，而愤怒给予我们必要的能量让我们筑起心墙保护自己。一开始，心墙可以将其他人阻挡在外，这样就可以将其他人带给我们的痛苦也阻挡在外。当我们遭到他人的拒绝时，愤怒可以掩盖由此而产生的痛苦、恐惧、疼痛和失落感。我们会认为，如果没有人靠近我，就没有人能伤害我。

很多人惊讶地发现，痛苦和愤怒总会同时出现。人们通常认为，愤怒的人非常地麻木不仁，所以他们不会感到痛苦。这就是问题所在。在大多数情况下，那些看起来讨厌的人往往就是那些在童年时期经历过深切痛苦的人。事实上，我们更容易被那些对我们来说很重要的人伤害，因此，我们更容易向他们发怒。

学会区分痛苦和愤怒很重要。保罗·韦尔特（Paul Welter）博士曾写道，在大多数情况下，痛苦是我们最先感受到却最不容易记住的情绪。愤怒是继痛苦之后我们能感受到的情绪，它也是最容易被我们察觉到的情绪。如果我们无视愤怒发出的警告信号，愤怒就很容易转变成愤恨和复仇的欲望。如果我们任其发展，愤恨就会禁锢我们的过去，毒害我们的现在，破坏我们的未来。

小失落，大难题

对女性来说，生活中的很多事情会让她们感到失落。大多数的失落源于目标和愿望受阻，或者需求和期待没有得到满足。通常，让她们感到失落的往往是那些看似微不足道的事情，但如果这些事情总是反复发生或总是发生在不恰当的时间，那么这些小失落就会变成大难题。

例如，你刚刚花了近一个小时的时间打扫、擦洗干净家里的地板。孩子们本来在院子里玩耍，突然其中一个孩子推开了门，紧接着，一只刚刚还在积雪覆盖的院子里刨洞的狗一下子就冲了进来。在短短几秒内，不仅你的地板看起来一团糟，而且当你试图抓住你的狗时，它跑过了客厅，如今客厅也被搞得一团糟。孩子们想帮你，你的狗却以为大家都想和它玩耍，所以你现在要做两倍多的家务了。此时此刻，对于狗、孩子们、家务以及生命的意义和目的，你想说些什么？你感受到了哪些情绪？有什么话是你想说却忍住没说的？如果让你说出来，那么你的声音会不会很大？

你赶着赴约，快迟到了，这时你旁边车道上的车辆好像正在移动。你打开转向灯迅速换了车道，准备找时机加速。你松了一口气，然后暗自庆幸："如果后面一切顺利，我就不会迟到了。"突然，有一辆车冲到了你的前面，这辆车的速度却比其他车慢。这时，你会怎么想？你有什么感受？你想对那个司机说什么？

然而，很多女性感受到的失落并不仅仅来自日常生活中的无数琐事。在我们的研究中，很多女性表示让她们感到失落的原因包括：自己做的事情没有得到别人的感激；觉得自己不够好，不是一个好妻子/好母亲/好女儿/好朋友/好职员；他人对自己有过度的要求和不切实际的期待；常常感到无能为力；被人期待自己能像杂志、广告牌上的女性一样活得潇洒自在，即随便做点兼职工作，就能拥有自己的私人健身教练，有专门的外科医生照顾自己的身体，有专人为自己做饭、打扫房间。越来越多的女性感到失落，因为她们需要在成为全职妈妈和不得不外出工作之间做出选择。

辛迪就生活在这种失落的情绪中。她是一位 38 岁的母亲，有三个孩子。辛迪在一家工厂上班，在繁忙的夏季，她能一天连续工作 12 个小时。“我从来都不觉得自己是全职妈妈，”她说，“万圣节的前夕，我烘焙饼干、做午餐、自制服装，竭尽全力弥补自己在万圣节那天的缺席。在做完这些事情后，我已经筋疲力尽了，孩子们最后看到的却是一个筋疲力尽、脾气暴躁的母亲。我感到失落、灰心，因为无论我做什么，都觉得不够。”并不是没有办法解决这些问题，只是在大多数情况下，这些办法并不容易实现。

在本章前面部分，我们讨论过的性别歧视是另一个让女性感到失落的原因。例如，很多女性认为一块“玻璃天花板”阻碍了她们晋升到企业高层的机会。她们享受不到平等获得信贷的机会，不能成为政府公职人员，有时还遭到明目张胆的歧视。性别偏见对女性来说很不公平，让人感到失落。

当女性被告知她们不够强壮、不够聪明、不够坚强、反应不够灵敏时，她们会感到失落。令人欣慰的是，当我们按照正确的方法去明确愤怒在我们生活中的作用时，我们会发现痛苦和失落完全可以转换为治愈和希望。在进入下一章之前，请完成以下测评，这对你很有用。

测一测让你感到痛苦的事

有关痛苦的一些问题

- 你最近一次经历巨大痛苦是在什么时候？
- 你曾在什么时候受到过伤害？你是如何受到伤害的？谁伤害了你？
- 你曾经经历过类似的痛苦吗？
- 你之后是如何处理的呢？你从这段经历中学到了什么？
- 你有什么方法可以避免这种伤害？
- 如果你已经避免了伤害，那么你是如何做到的呢？如果你没有避免伤害，那么原因是什么呢？
- 你觉得自己的哪些方面受到了伤害？是你的自我价值感、你的信任、你的骄傲，还是你的能力？
- 你会不会紧抓着自己的痛苦不放，以达到控制别人的目的？
- 对某件事情耿耿于怀会让你愤怒吗？

如何确定你的愤怒模式

在接下来的 30 天里，请撰写一本愤怒日志。每当你意识到自己要发怒的时候，请拿出愤怒日志，然后记录以下信息。

- 发怒的日期和具体时间。

- 将愤怒的强度从 1 至 10 进行分级，其中 1 表示愤怒几乎不被察觉，而 10 则表示你的愤怒已经彻底升级至盛怒（事实上，10 意味着你已经完全失控了）。那么，你的愤怒大概在多少级？
- 在可能的情况下，确定是哪些最初的情绪导致了你现在的情绪（愤怒）。
- 是什么问题引发了你的愤怒（你一般都不太能确定这个问题到底是什么）？
- 对于你所遭遇的情况，你是如何进行自我沟通的？你的自我沟通能反映出什么模式？是被动型反应、攻击型反应，还是一种自信的回应？

以下是愤怒日志的一个模板示例：

日期__________ **时间**__________

强度：1 2 3 4 5 6 7 8 9 10

最初的情绪：

（a）痛苦 （b）失落 （c）恐惧 （d）其他

问题：______________________________

____

自我沟通：______________________________

____

第 7 章

压力过大导致的愤怒

加里·J. 奥利弗

请花点时间思考以下一些问题：

- 你是否曾发觉自己时常犹豫不决，不敢做决定，无论大事小事都拿不定主意？
- 你会不会经常冒出一些想法？比如想要逃离这一切。想离孩子、丈夫、工作远点儿。想要休息！
- 你有没有发现为了让自己坚持下去，你增加了酒精、香烟、咖啡、可乐、镇静剂、减肥药等刺激物的使用？另外，在和别人说话或者写东西时，你有没有发现自己时不时会走神，注意力总是无法集中？
- 你是不是特别忧虑？一旦忧虑起来，你就会在脑海里一遍又一遍地重复着某个真实或想象中的情景。你不仅为自己担忧，还为你周围的人感到忧虑。
- 你有没有发现自己喜欢对别人大吼大叫、乱发脾气？因为你的愤怒就快到临界点了，用不了多久就会爆发。
- 你是不是发现自己很难去相信别人？你是不是发现自己越来越多疑？即使对象是你最亲密的好友和家人。
- 你是不是开始健忘，会忘记一些重要的约会和日期？你有没有发现自己开始对各种事情变得斤斤计较，即便是一些小事？
- 你周围是不是有人开始说你看起来特别不像你自己？

以上列出的这些问题都属于压力过大的症状。压力这个词很常见。当人们对身体或情绪上产生的一些反应找不到更好的解释时，就会用压力过大来解释。不过，压力是真实存在的，而且压力与愤怒有直接联系：压力能引发愤怒，愤怒也能产生压力。我们进行过一次全美范围的调查，调查结果表明，压力是让女性更容易发怒的第二大原因。

什么是压力

究竟什么是压力呢？压力产生于所有让你长期感到气恼或失望的情况或处境。因为压力，你的身体和心理都失去了平衡。在有压力的状态下，你会释放出更多的肾上腺素，身体也会因此受到损害。

有压力的时候，人就像一根被拉紧的橡皮筋，一旦被拉紧就会一直处于紧绷的状态。当压力得到释放后人就会恢复如初，但是如果紧绷的状态持续得太久，人就会慢慢地承受不住，就像绷久的橡皮筋一样，失去弹性、变得脆弱、产生裂纹，最后直接崩溃。

压力因人而异，同一件事情对一位女性来说是压力，对另一位女性来说可能就算不上压力。你的家庭背景、教育情况、生活经历、你之前所学习到的处理生活烦恼的方式，以及你的大脑神经结构都会影响你的情绪反应。

并非所有压力都是不好的。良性压力可以激发我们的积极性、活跃我们的思维，并且这种压力不会持续很长时间。相比恶性压力，良性压力能让人身心愉悦。

一位女性心理医生对自己客户的心理治疗过程进行了长达 10 年的记录，她还专门对女性客户的治疗记录进行了研究，希望能找到女性经常会面对的压力。她发现女性主要面临以下几种压力。

- 女性生理方面的压力主要有：乳房发育、月经、怀孕、更年期。
- 女性生活变化带来的压力主要有：结婚嫁人、生儿育女、离婚、入不敷出、在以年轻人为主体的社会中步入不惑之年、成年子女啃老、中年丧偶等。
- 孤独的单身女性和家庭主妇在重拾学业或发展事业时承受着心理压力；职场女性因被迫放弃事业，回家当全职妈妈而承受着心理压力；疲惫不堪的职场女性因长期缺乏睡眠和金钱而承受着心理压力。
- 还有一些看似不太明显的压力不仅会分散女性的注意力，时间久了还会伤害她们的身体，让她们感到痛苦。这些看似不太明显的压力包括：上下班通勤的压力，与幼子分离的压力，因身为女性而更容易受到攻击的压力，与大男子主义做斗争而产生的压力，因性别歧视言论或性骚扰而产生的压力。
- 此外，各种各样的生活危机多由女性而非男性来处理。这些生活危机包括：照料生病的父母、孩子，为老人尽孝，抚养残障的小孩，为自己或孩子的离婚善后，等等。

产生压力的原因

让我们来深入了解一下你以及当今社会上的女性产生压力的原因。

障碍、矛盾心理、不断变化的期望

在《走出混乱：缓解职场女性的压力》（*Beyond Chaos: Stress Relief for the Working Woman*）一书中，希拉·韦斯特（Sheila West）谈到了“玻璃天花板”和“卷筒效应”（the reeling effect）。玻璃天花板是一种可以感知到的障碍，指的是职场中的女性虽然看似可以顺着晋升阶梯攀升，却无法真正得到晋升。

卷筒效应很难克服，因为它的几个组成成分之间有着微妙的关系，即“变化+忧虑=矛盾”。很多女性都有这样的感受：不停地更换工作让她们很忧虑，让她们感觉自己像刚从龙卷风中走出来。在这种情况下，她们又感到很矛盾。她们一边想着“哎呀，我真的想去工作”，一边又在想“我什么时候才能辞职啊”；一边想着“事情一直会像这样吗”或“这太有挑战性了！真长知识”，一边又在想“我怎么才能在截止时间前完成工作啊？救命啊”。希拉·韦斯特对这种让女性左右为难的矛盾心理是这样评论的：

“只是一份工作而已”这句话会让人联想到很多不愉快的事情，比如单调的任务、乏味的日常工作，还有不得不忍受的某些事情。在这种环境中，女性的情绪必然会因毫无意义的日常活动而产生波动……女性如果收入平平，就会一直质问自己是不是选错了工作……职场女性还经常为她们在人才市场上的发现不知所措。似乎许多领域的工作都不是很稳定。

女性常常发现，保持竞争优势意味着要继续向上攀爬，而不是在现有的成就上停滞不前。然而，在面对新的挑战时，她们非但不会感到兴奋，反而会为挑战来得太快，而自己又准备不足而感到痛苦。她们以为自己知道想要什么，但是，一旦她们得偿所愿，又不确定最终的结果到底是不是自己想要的。

她们为了证明自己而不懈努力，为了避免与他人发生不必要的冲突而费尽心力，为了保持高质量的工作表现而长期忍受压力，而卷筒效应让她们对这些付出感到很挫败。压力会大到让人想要逃离，即使她们热爱工作，也想要逃离。她们生存的乐趣并不只在于享受成就所带来的愉悦。

已婚世界里的单身

当代女性离婚的可能性比以前更大，其中超过一半的已婚女性最终会选择离婚。还有很多女性会选择终身不婚，即便结婚，也还有很大一部分女性会选择做丁克，不生育孩子。

然而，即便你单身，你也会因单身而感到压力，尤其是当你年龄越来越大、想要结婚的时候，压力会更大。如果你已经三四十岁了，那么你的麻烦会更多，因为在这个年龄段，令人中意的男性已经非常少了。“我必须找到另一半”的压力让许多三四十岁的女性没法过上充实的生活，她们还承受着其他的压力，如我们的社会如何看待单身女性？这种看法是积极的还是消极的？人们对单身女性的刻板印象是：单身女性不幸福，而且她们可能在某些方面有缺陷。以上这几点都会让女性感受到压力。

自由多了，选择少了

> 很少有女性最终会过上她们认为长大后会过上的生活，这也是引发诸多压力和愤怒的原因之一。

很少有女性最终会过上她们认为长大后会过上的生活，这也是引发诸多压力和愤怒的原因之一。是的，长大之后，她们更自由了，生活上的变化也更多了，选择却更少了。看似永恒不变的婚姻、孩子、工作、家庭都充满了不确定性。新的选择和新的生活方式所带来的压力比以往任何时候都大得多。

虽然女性拥有了更多的工作机会，但这也给她们的生活增加了更多压力。在职妻子和在职妈妈们发现，工作之余，她们仍需要操持家务，仍需要完成作为家庭主妇所承担的所有家庭职责，孩子的日托费用也对她们造成了一定的影响。丈夫帮不上多少忙，大多是因为他们习惯了袖手旁观。女性的压力和愤怒也就自然而然地形成了，最终还有可能引发愤恨。

因工作而感到内疚

许多在职妻子，尤其是在职妈妈，会因工作而感到内疚。为了消除内疚感，她们付出双倍努力，想要证明自己是称职的妈妈，证明自己既能工作，也能持家。但是，她们很快就会备感压力，就像在驾驶一辆没油的坦克，她们很快就会精疲力竭。

她们需要做的事情太多，而时间太少。即便在有经济问题时，2/3 的女性还是表示，她们希望能拥有更多的时间，而不是更多的钱。

许多女性承担的事情太多，或者说在有限时间内她们想要完成的事情太多，这往往会给她们的生活带来更多压力。她们经常不停地接受新任务，但从来不会去判断哪些任务是真正重要的，也正是因为这样，她们从不会主动去放弃任何事情。这些女性之所以愿意承受这样的时间压力，要么是因为想实现自己不切实际的理想，要么是因为想满足他人的期待，要么两个原因都有。

疲惫

我们在前面的章节提到过，女性认为疲惫是导致她们容易发怒的首要原因。疲惫也是造成抑郁和压力的主要原因之一。许多女性——无论是单身还是已婚——试图兼顾事业和其他生活需求，但在这个过程中，她们慢慢会感到疲惫。

睡眠不足也是导致疲惫的一个主要因素。越来越多的证据表明，缺乏睡眠是社会面临的主要问题之一。睡眠专家告诉我们，要想把身体机能调整到最佳状态，我们每晚需要七至八小时的睡眠，而绝大多数女性并不能保证这么多的睡眠时间，她们平均每晚只能睡五六个小时。睡眠时间不足，久而久之会让人的身体素质变差，让人情绪失控、精力不足、思路不清晰，并且更容易生病、出事故，和别人发生冲突，人也会越来越易怒。

无聊

无聊——或者说你所做的事情没有意义——也会造成压力。你可能对这种说法感到惊讶，但这是事实，因为持续做同样的事情或者无所事事都可能造成压力。很多家庭主妇和从事常规工作的人经常会受到这种压力的折磨。有时，女性必须很努力才能找到自己所从事的工作的意义。要想改变单调的工作环境，她们需要让自己变得有创造力，还需要想出一些新办法。

不切实际的期望

不切实际的期望会让人产生压力。虽然我们所有人都对自己和他人抱有期望，但这些期望都能实现吗？为什么会有这些期望？完美主义者指的是那些抱有无法实现的期望的人，所以这类人很容易有压力。追求完美（或试图追求完美，因为迄今为止还没有人称得上完美）与追求卓越之间是有区别的。在《韦氏词典》中，“完美”的解释就是“在各方面都没有缺点”，而“卓越”是“极其杰出或特别优秀”。完美是绝对无可挑剔，而卓越是指人们会尽己所能地去做事情，但难免会犯错。

完美是一种十全十美的终极状态，而卓越会包容错误。完美主义者可能在某件事情上成功了 98%，但他们的眼里只有那不成功的 2%，并以此否定了之前为这 98% 的成功所付出的所有努力。完美主义者只关注缺点，看不到过程中的价值。请记住，如果你正在努力成为一名完美主义者，说明你赖以生存的仍是工作上取得的成就。

角色冲突

不论你正在从事一份并不适合你的工作，还是一位想追求个人事业的全职妈妈，你都可能会感觉到压力。这种工作和家庭角色的冲突会让你陷入僵局，进而激起你的愤怒。

> 如果你正在从事一份并不适合你的工作，那么你可能会觉得有压力，但进退两难同样会激起你的愤怒。

沟通障碍

如果你处于恋爱状态或者已婚，在和另一半相处的过程中，你无法敞开心扉和对方沟通，压力就会产生，因为人际关系建立在正常沟通的基础之上。在家庭关系中，一旦爱人或父母拒绝说话，或是强迫对方保持安静，双方和谐的关系就会被破坏；在婚姻关系中，如果一方不是过于安静就是选择沉默应对，夫妻双方就很难建立起亲密关系。沟通障碍是致使双方婚姻破裂的主要原因之一。

工作压力

20 世纪 90 年代，我们迎来了所谓的“新女性时代”，当时，外出工作的女性比以往任何时候都多。据估计，美国 99% 的女性在一生中会有一段时间为了赚钱而工作。大多数女性外出工作是因为生活所迫，但是也有许多女性表示，即使不需要她们养家，她们也会出去工作，因为她们发现工作有许多好处。如今，越来越多的女性把工作看成一生的事业，而不仅仅是一份工作，她们会在工作中投入很多时间和精力。

女性如今所从事的工作大多存在着很大的压力。资料显示，1988年，在所有从事管理和行政岗位的人中有39%是女性，比1978年前增长了13%。

女性也发现，工作不仅能赚钱，也会造成压力。有时，工作造成的压力要大于工作带来的好处。造成压力的因素有很多，其中包括：

- 责任重大，但权力有限；
- 工作繁重，但时间不足；
- 很想升职，但机会有限；
- 发现自己比老板还能干，却总被忽视；
- 工作报酬过低，或者发现相同职位的男性报酬更高；
- 有很多事情要做，但总是被打断；
- 从事的工作没有乐趣、不具挑战性或不够刺激，无聊又冗杂；
- 在工作中遭受性骚扰或性别歧视；
- 从事的是公司最底层的文职工作（在所有因素中最为常见）。

A型行为模式

A型行为模式（“Type A” Syndrome）[①]是心脏病学家迈耶·弗里德曼（Meyer Friedman）和雷·罗斯曼（Ray Rosenman）所提出的一个

① 美国心脏病学家迈耶·弗里德曼和雷·罗斯曼于1959年在两人合著的论文《特定显性行为模式与血液、心血管疾病直接的关联》（*Association of Specific Overt Behavior Pattern with Blood and Cardiovascular Findings*）中提道，他们对特定的行为模式进行了A、B、C三种类型的划分。其中，A型行为模式表现出非常明显的野心和竞争意识，相比其他患者，A型患者更容易产生敌意和时间紧迫感；而B型行为模型与A型相反，C型行为模式与B型类似，但C型患者经常会有一定程度的焦虑。他们指出，冠心病与A型行为模式存在着密切的联系，而且A型患者冠心病的发病率比B、C型患者高很多。——译者注

概念，用来描述以成功为最终目标的男性所表现出来的一种行为特征。但如今我们在从事高压工作的女性身上也发现了这种特征。与这种概念有关的最危险的行为特征就是时间紧迫感和慢性愤怒（也叫“长期性愤怒”）。很多愤怒就是因事情太多但时间不足、期望不切实际、心中感到内疚而产生的。

A 型女性容易被激起敌意，她们把愤怒长期郁积在心底。她们的敌意会表现得越来越频繁，即使在遭遇最微不足道的挫败时也会表现出敌意。A 型女性可能不仅很擅长隐藏愤怒，也很擅长找借口和理由为自己辩解，但她们经常会感到苦恼，而且苦恼得有些过度。A 型女性不仅过于挑剔，还常常会轻视和贬低他人。

时间紧迫感体现在两个方面。一方面，A 型女性会加快速度完成任务。她们会加快自己思考、规划和执行任务的速度。她们连说话都比别人快，还强迫别人也加快语速，所以她们身边的人很难在她们面前放松自己。对她们来说，每件事情都必须用更快的速度完成，并在寻找加快速度的方法。另一方面，她们会有许多不同的想法和任务在同时火速进行。业余时间也不能缓解她们的紧迫感，因为即使在业余时间，她们也会给自己排满任务。她们试图挤出更多时间，并尝试同时做两三件事情。然而，在大量活动和项目中，由于她们过度透支自己，反而经常导致某些事情无法顺利完成。

你是否属于 A 型人？你的身体迟早会告诉你。如果你真的属于 A 型人，那么你的身体会分泌更多肾上腺素，这种激素能收缩你的血管、升高你的血压。

累积的压力

在 20 世纪 70 年代，两位医学博士 T. H. 霍姆斯（T. H. Holmes）

和 R.H. 拉赫（R. H. Rahe）开发了霍姆斯 – 拉赫压力测试（Holmes - Rahe Stress Test）。该测试得到了广泛的应用，之后还专门针对女性进行了修订。该测试以一系列的生活事件为依据，其中每个事件都有一个代表其压力值的分数。在初始测试的调查中，研究人员发现，在过去一年的压力值超过 300 分的人，正承受着极大的压力困扰，在未来两年内患病或抑郁的概率为 80%。该测试调查的诸多结果表明，生活变化的压力与身心压力之间存在一定的联系。

在针对女性修订后的测试调查中，来自美国 20 个州的 2300 名女性参与了测试，目的是了解其中列出的与原调查相同的事件是如何影响这 2300 名女性的。以下列出了排名最前的十大压力源，括号中的数字代表了每个事件的分值。

十大压力源

丧偶（99）
离婚（91）
结婚（85）
家庭成员离世（89）
被解雇（83）
夫妻分居（78）
怀孕（78）
入狱（72）
好友离世（68）
退休（68）

参与修订调查的 2300 名女性可以在原调查列表中添加新的压力源，以下列出的事件是她们提到的前 14 个压力源，每个压力源均标有新的分值。

新的压力源

孩子残疾（97）
单亲（96）
再婚（89）
抑郁（89）

流产（89）	丈夫退休（82）
不孕（87）	赡养父母（81）
孩子生病（87）	药物依赖（80）
爱人生病（85）	青少年培养（80）
因犯罪引发的个人伤害（84）	父母生病（78）

我们看到，新列表中压力源的变化是相当明显的。在以上列出的所有压力源中，哪些是你有的？你是否同意这些压力源的分值分布？你目前生活中的五大压力源分别是什么？每一种压力源对你的生活有何影响？其中哪一种压力源特别能引起或加剧你的愤怒？

压力过大导致的倦怠

我曾经和很多女性交谈过，她们说自己过去经常感到压力重重，她们对自己当时的处境感到非常愤怒，但现在她们没有力气发怒了，好像她们再也不会去在意这种事情了。其实她们并不是真的不在意，而是她们因压力过大而产生了倦怠。倦怠有四种类型，分别是整体倦怠、抚育倦怠、职业倦怠、婚姻倦怠。

对于倦怠，我们有一个既简单又全面的定义，即“人们用尽力气想要达成一些由自己或社会价值观强加的、不切实际的期望，从而使自己精疲力竭”。倦怠的人“因努力追求某种事业、生活方式或人际关系，却没有获得预期的回报，而处于一种疲惫或挫败的状态中”。倦怠会让人感到无助和绝望。

倦怠是一个复杂的概念，主要涉及我们生活的五个方面，包括身体倦怠、智力倦怠、情绪倦怠、社交倦怠和精神倦怠。人们经常花费大量精力去做需要做和想要做的事情，而身体倦怠就是出现的第一个症状。此时，人全身上下都感到疲惫。智力倦怠是指人们思考和解决问题的敏锐程度有所减弱。人们情绪上是否倦怠取决于人们的生活态度是积极的还是消极的，即对于发生在自己生活中的事情，态度是乐观的还是悲观的。社交倦怠是指人们在社交生活中存在孤立感——与参与感相对应的一个概念。当遇到问题时，你会向谁求助？你是否愿意与他人分享自己的挫败、愤怒、疲惫或觉悟？精神倦怠则与人们对自己生命意义的认可程度有关。

如果你不确定自己到底是压力过大还是倦怠，那么你可以思考一下两者之间的区别。

- 倦怠是一种防御状态，主要表现为不参与；压力的主要表现为过度参与。
- 当倦怠时，情绪变得迟钝；当有压力时，情绪变得特别活跃。
- 当倦怠时，主要是情绪会受到伤害；当有压力时，主要是身体会受到伤害。
- 因倦怠而产生的疲惫会影响做事的动机和动力；因压力而产生的疲惫会影响做事的体力。
- 倦怠让人萎靡不振；压力让人精神崩溃。
- 由倦怠导致的消沉是因为失去理想和希望而感到悲伤；由压力导致的消沉是因为身体需要自我保护，需要节省体力。

减轻压力

如何减轻生活压力，并让自己不那么容易发怒呢？你可以尝试改变周围的环境，比如改变工作条件、调整家庭计划、出去旅行或搬家。但是，因为有些事情很难改变，所以适当地掌握一些放松技巧非常有用。镇静剂虽然有时也可以帮助缓解压力，但要记住，长期使用镇静剂会让人产生严重的药物依赖。

对于生活中发生的事情，也许在你采取了所有可能的补救措施之后，你才会发现最好的解决办法是改变你对事情的看法。能否克服大部分生活压力，关键在于你自己的态度，也就是你的信仰体系。如果你被困在了高速公路上，而 20 分钟后你有一场约会，眼看就要迟到了，那么你会对自己说什么？你会不会坐在车上喊“我不能迟到！是谁把我堵在这儿的？我必须离开这条路”？

是的，堵车、迟到、老板在下班前一分钟增加工作量、错过公交车等都会给你的生活带来诸多不便。如果你不想让自己看起来像一个受害者，那么当压力来临时，你就需要坦然面对，在遭遇计划被打乱、被分配太多工作或任何其他情况时，选择面对和接纳，这会让你重新掌控局面，并从中找到希望。

> 如果你不想让自己看起来像一个受害者，那么当压力来临时，你就需要坦然面对。

坦然面对的确能帮助人们减轻压力。

以下这些建议既可以帮你改变应对生活压力的方式，也可以帮你减少生活中的压力和疲惫。因为做出改变意味着你要放弃自己已经很熟悉的生活方式，所以可能一开始你会觉得不适应，你可能需要一些时间才能真正做出改变。当然，你也需要花些工夫，但是为了减压，这些都是值得的。

- 每天清晨，在开始一天的工作之前，请你对当天要做的几件事情进行优先级排序。然后，你就只需要做那几件你真正有时间做的事情。如果你觉得自己一天之内可以完成五件事，那就只做四件，并把这四件事记下来，然后一一核对。
- 如果你开始觉得完成任务有压力，那就问自己以下几个问题：完成这件事情对我未来三到五年很重要吗？这件事情必须现在完成吗？如果必须现在完成，那么原因是什么？可以由别人来完成吗？如果不可以，那么原因是什么？

- 同一时间只做一件事。如果你要上厕所，就不要同时刷牙。如果你在等别人接电话，就不要再去想着看邮件或杂志。当别人和你说话时，放下报纸、杂志或工作，专心听对方讲话。
- 有意识地去倾听他人，自己说话时试着做到深思熟虑、谨言慢语，做一个“时刻准备着的倾听者”。你可以通过提问来鼓励他人继续交谈。如果你有话想说，那么开口之前先问问自己：“有谁真的想听我说这些？现在说这些合适吗？”
- 重新思考自己是否需要别人的认可。与其去寻求别人的认可，不如实事求是地告诉自己：“我做得很好，我对自己很有信心。”
- 如果你特别喜欢问“多少个”“多少钱”“多少天”等问题，特别喜欢用数字思考问题，那么你需要改变一下自己评估他人或事情的方式。当表达自己的情绪时尽量用形容词，不要用数字。
- 阅读一些与自己的工作无关的杂志和书籍。尝试探索一下你所不熟悉的世界，但不要在意自己能读多少本书，更不要向别人炫耀你在这方面的“成就”。
- 在家里或办公室里播放一些柔和的背景音乐，营造舒缓的氛围。
- 尝试重新规划一下自己的时间表，以便在开车出门或上下班的时候避开交通拥堵。在高速公路的慢车道上开车，尽量不要超车。
- 偶尔把手表放在家里几天，然后记录自己那些天看手腕的频率。
- 录一次自己的电话聊天或晚餐对话，然后回放，看看自己是不是说话最多的、对话过程中有没有提问，提问之后有没有仔细聆听对方的回答。你会通过帮助对方补全后半截的话来加快聊天速度吗？你会为了满足自己的需要而打断别人的话或更换话题吗？

- 不要根据自己取得了多少成就，或者获得了多少物质上的利益来评价自己的生活。每天花几分钟时间回忆自己过去的愉快经历，花点时间重温一下小时候的美好回忆。
- 在中午休息时间尽量好好地休息，不要工作。可以去购物、逛商店、读书，或者与朋友共进午餐。
- 每天提前 15 分钟起床，然后做些自己喜欢的事情。如果你有不吃早餐或站着吃东西的习惯，那么可以尝试坐下来慢慢地享用早餐，多看看房子周围或窗外的世界，多关注一下你曾视而不见的美好事物，比如盛开的鲜花或一幅美丽的画。
- 下班回到家的时候，告诉家里人（哪怕对方只是一只猫），你到家后的前 10 分钟不属于任何人，只属于你自己。你可以在餐厅一边喝茶，一边看书，尽情享受属于你的那 10 分钟。用餐前，让你爱人帮你照看一下孩子，给你 15 分钟的时间，这样你就可以舒舒服服地洗上一个热水澡，然后再享用晚餐。让这些成为你日常生活中的一部分。
- 去超市里体验一下排长队。虽然这个建议听起来可能有点可笑，但通过排长队，你可以练习一下如何做到等待却不心烦。你可以：安安心心地排着长队；看看自己能如何愉快地度过排队时间；去猜测一下周围排队的人过着什么样的生活；和周围排队的人讨论美好而又积极的事情，而不是一个劲儿地讨论队伍有多长；重温一下自己曾经的美好回忆。
- 当玩游戏或参与一项运动（无论是打壁球、滑雪，还是打牌）时，要享受其中的乐趣，不要一味地去和别人竞争。要学会从一次美好的跑步、一场出彩的拉力赛中寻找乐趣，好好享受曾被自己忽略的由娱乐活动带来的美好感受。
- 给自己的工作多预留出一些时间。提前做好规划，延长休息时间。如果你通常需要花半小时来完成一项任务，那就留出 45 分钟，这样的话，你的工作质量一定会有所提高。

你需要对自己所做的事情以及做事的动机进行评估。劳埃德·奥格尔维（Lloyd Ogilvie）对我们做事的动机和可能制造的压力提出了以下见解：

我们常说："看，天哪，我多忙啊！"通过这句话可以看出，我们习惯把疲惫等同于高效、充实的生活……我们时刻关注自己的行为表现，希望我们这代人能有所作为。但我们为什么这样做呢？或者说我们这么做是为了谁？……一个人本可以自由地停下脚步，逃离过度劳累的生活，但为什么我们认为这才充实？

既然我们已经对愤怒有了一些了解，那么在接下来的两个章节中，我们换一个话题，一起来探讨几种令许多女性感到困扰且与愤怒相关的情绪：恐惧、焦虑、抑郁。

测一测你的压力源

1. 请列出你目前生活中的三大压力源。

2. 针对每一个压力源，你可以采取什么措施？

3. 从 0 到 10 中选择一个能反映你的倦怠程度的数字。

0__________________5__________________10

感觉良好　　　　适度倦怠　　　　彻底倦怠

4. 回顾本章中关于如何处理生活压力的建议，并从中选出你认为对你最有帮助的三条。

第 8 章

深度焦虑导致的愤怒

It's Okay to Be Angry

A Woman's Guide to Healthy Emotions

H. 诺曼·赖特

费伊是一名中年女性，衣着考究、事业有成，她来到我这里向我咨询。刚开始的时候，费伊并没有表现出其他人经历过的那些常见的忧虑。她很擅长沟通，思维机敏、举止优雅。单从她的外貌和取得的成就看，你永远不会猜到，她那天向我坦承自己的内心有多么恐惧。从表面上来看，她克制而镇定，当我跟她提到这点时，她回答道："没人知道我生活在恐惧中，我很擅长隐藏恐惧。"

我问她："在承受这么多恐惧的同时，你是如何取得现在的成就的？"

费伊的回答让我感到惊讶："就是恐惧——是恐惧激励着我！正是它驱使我不断前进。我不想让自己被恐惧控制，但如果没有恐惧的激励，我不知道我还能不能有所作为。"

激励你的竟然是内心的恐惧。我不知道世界上有多少人和费伊一样被自己内心的恐惧激励，这似乎是一种消极的激励方式。虽然在某些方面，受恐惧激励的生活方式可能确实非常高效，但这种消极的激励方式会让我们付出巨大的代价。

虽然恐惧能激励费伊，但这种强烈的情绪也会让很多女性束手无策、深受其害。现今社会，大多数女性在某种程度上都在同恐惧、焦虑做着斗争。在通常情况下，恐惧和愤怒是密不可分的。恐惧可以轻易地转变成愤怒，因为对很多女性来说，愤怒对女性自身的伤害较小，与恐惧相比，愤怒更不容易让女性受伤。

然而，并不是说恐惧全都是消极的。恐惧也可以起到积极的作用，因为恐惧“能让我们的身体在紧急关头突然爆发出我们需要的力量和速度。但是，一旦恐惧成为一种长期存在的状态，它就会麻痹我们的神经，使我们不敢去表露内心的慷慨、爱和脆弱，而这些正是一个人最该具有的品质”。

虽然我们有时可能会感到害怕，但我们不会被恐惧完全控制。然而，我们却常常选择生活在恐惧这座移动的囚牢里，远离人群、拒绝体验生活。很多人都会这么做，不分男女，为此他们不得不承担后果——恐惧让我们能力尽失，缩短我们的寿命，破坏我们和他人之间的关系，让我们的生活变得苦不堪言。

是什么在困扰着你

我曾为一些女性做过心理咨询，这些女性有的恐惧，有的焦虑，有的忧虑，甚至还有女性同时饱受这三种不良情绪的困扰。这三种情绪之间有什么区别吗？

恐惧的英文“fear”源自古英语“faer”，意思是“突然的灾难或危险”。现在，恐惧一词的意思已经演变成了一种对真实的或想象中的危险所产生的情绪反应。希伯来语的“fear”一词也可以翻译成“dread（恐惧）”，这种恐惧沉重而且压抑。

忧虑的英文“worry”源自盎格鲁 – 撒克逊语，意思是“to strangle（把……勒死）”或“to choke（使……窒息）”。忧虑是我们在面对恐惧、困境或难题的时候，经常会感受到的一种情绪，它是一种令人不安和窒息的情绪。忧虑是一种不必要的烦恼和担忧，它会搅乱我们的思绪，让我们心神不宁。忧虑的时候，我们会悲观地展望未来，并思量着生活中可能会出现的最坏结果。

忧虑的时候我们会问“假使……将会怎么样”，做出的回答通常是消极的。忧虑迫使我们不断地这样提问，但我们的回答一次比一次消极，我们会设想最坏的情况。遗憾的是，如果我们对可能发生的某种不愉快的事件极为忧虑，那么这不仅无法阻止事件的发生，实际上还会起到推波助澜的作用。

忧虑得太久就会变成焦虑。事实上，看待忧虑和焦虑这两种情绪，一个最好的方法就是将两者看成一个连续体。担忧很容易变成忧虑，然后忧虑很容易变成焦虑。

担忧——忧虑——焦虑

但究竟什么是焦虑呢？我们经常用焦虑（anxiety）这个词来代替恐惧，焦虑的英文“anxiety”源自拉丁语“anxius”。焦虑的意思是对某种不确定的事件感到烦恼。而“anxius”的意思有些许差别，它是指“紧紧地按压或勒死……”焦虑往往是一种让人窒息的感受。

恐惧和焦虑实际上非常相似，但焦虑是一种让人更难以捉摸的情绪。真正的恐惧有可识别的危险对象，这个对象要么真实存在（比如，房子里的盗贼），要么是想象出来的（比如，一个看起来像盗贼的影子）。当焦虑的时候，我们也会有恐惧的感觉，但我们不知道为何恐惧，因为我们仅仅是在潜意识里觉得有危险。

> 焦虑使我们无法进步、停滞不前。

焦虑是一种模糊且持续的紧张情绪，总是担心可能会发生什么不好的事情。不确定性，甚至是恐惧，像一团乌云笼罩着那些焦虑的人。有时，这些人感觉自己好像彻底失控了，这让他们心理失衡、无法正常生活。有的人甚至还可能会患上焦虑症，彻底失去行为能力。

焦虑的人无法进步、停滞不前。但他们如果能够学会挑战焦虑这种情绪，就能借助焦虑的力量成长，然后变得更加强大。

帕斯特·厄尔·李（Pastor Earl Lee）阐释了忧虑及焦虑的积极作用与消极作用之间的区别：

忧虑就像在空挡状态下驾驶汽车。汽油、噪声和汽车尾气不会对我们的前行带来太大的影响，但合理的担忧……会让你在前进的道路上减慢车速。

恐惧的边缘

无法利用焦虑的力量做出改变的人，可能会经历另一种伴随着忧虑和焦虑而产生的症状——恐惧症（phobia）。“Phobia”这个词源自希腊语“phobos”，意思是“害怕”，“phobos”也是古希腊神福波斯的名字，福波斯能引起敌人的恐惧和害怕。恐惧症是对人、物体或思想的一种持续性恐惧，而实际上，这些并不能成为恐惧的理由。有恐惧症的人经历的恐惧远远超过实际情况。这种恐惧无法自行控制、无法制止，更无法解释。他们甚至都不知道自己恐惧的对象到底是真实存在的还是想象出来的。这种人生活在恐惧的边缘，他们总是保持高度警惕，对自己恐惧的对象格外小心。他们会进行预先规避，试图通过逃避任何可疑环境来逃避恐惧。这种人的所有生活都被恐惧主宰，慢慢地，他们会变成恐惧的奴隶。

如果你从未有过恐惧症，也不认识那些患有恐惧症的人，那么你可能会觉得这没什么大不了，应该很容易克服。但事实并非如此。事实上，很多患有恐惧症的人清楚地知道自己的行为有多么荒谬，这就让情况变得复杂了。他们会害怕与他人分享自己的感受，渐渐地，他们变得更加孤独，并开始认为自己是唯一有过这种恐惧感的人。

是什么让你感到害怕

失去所爱似乎是最让女性感到焦虑和束手无策的事情。女性不想失去所爱，产生这种恐惧主要是因为她们害怕被抛弃。这让女性陷入具有破坏性和虐待性的关系中，或者直接导致她们的言行与自己真实的意愿背道而驰。这些女性害怕被排斥。

玛丽是这样描述她长期以来在这种恐惧中挣扎的：

有一次，我在和一位男士约会时，感觉自己受到了排斥，于是我开始表现得更加强势，可以说是在要求对方爱我、接纳我。这一下子就把对方吓走了！虽然我知道是我自己造成了对方的这种排斥，但我不知道该怎么办！

当然，这并不是我因害怕遭到排斥而做出的唯一反应。有时当和男性相处时，我真的感到很拘谨，所以我会表现得特别被动。我害怕暴露真实的自己，害怕被排斥。但是我的被动会让对方反感，因为对方会觉得我真是个笨蛋。我不想让对方知道自己在意他，但我的内心却无比渴望得到他的关注和接纳。我好像陷入了一个恶性循环，但不知道如何摆脱！

上述情况会引发另一种常见的恐惧，那就是因害怕而变得敏感。如果你对某些人敞开心扉，但是他们不喜欢你，或者你深陷其中无法自拔，以至于失去了自我时，你该怎么办？

女性们不想冒着失去所爱的风险，因此她们会继续维持具有破坏性和虐待性的关系。

长期以来，许多女性害怕做出错误的选择或决定。此外，很多女性既害怕依赖他人，但也害怕独立；既害怕失败，但也害怕成功。有些女性害怕自己无法掌握在男性世界工作的规则，也有一些女性害怕被卷入男性的世界，害怕被这个世界同化。有些女性害怕自己过于擅长自己所做的事情，还有一些女性则害怕自己做得不够好。女性也会为是否选择生孩子而感到焦虑。越来越多的女性会有这样一种压力，那就是她们努力满足生活中所有人的需求，而非专注于生活的某一个方面，除此之外，她们还得承受没能完成所有事情的后果。

如何克服恐惧或焦虑

无论你是感到恐惧、焦虑、忧虑，还是三者兼有，都可以按照下面介绍的四个步骤来解决上述问题。

明确是什么让你感到恐惧或焦虑

首先，你需要明确自己正在遭受哪些问题的困扰，越具体越好，这一点很重要。一位女性曾告诉我她害怕男性。我提出的这几个问题帮助她认清了自己的恐惧："你害怕被男性排斥吗？你害怕被男性利用吗？或者，你害怕他们怎么看你或者怎么说你吗？男性的哪些方面让你害怕？"

通常，每种让你感到恐惧的情况，都会有许多引发你恐惧的具体方面，你必须确定这些具体方面是什么。一旦确定了这些具体细节，你就可以制定策略来应对了。

拿出一张白纸，写下一个让你感到恐惧的事物，然后列出它的所有特征。对于其他令你感到恐惧的事物，同样列出它们的所有特征。有些事物可能只有一两个特征，而有些事物的特征可能有五六个。当你把所有让你感到特别恐惧的事物列出后，将它们按照严重程度排序——最让你恐惧的事物排在最前面。

是的，这可能需要费点心思。但如果你不好好地去识别或了解使自己焦虑的事物，你就不能以积极的方式让它为你所用。而且，如果你不去直面自己的焦虑，就像只在未经治疗、溃烂的脓疮上绑上了一层绷带。绷带通常代表抑郁，抑郁会把焦虑控制起来，让你察觉不到它的存在。直面焦虑至少能调动你的积极性去做点事情，而抑郁只会让你束手无策。

记录让你恐惧和焦虑的经历

一旦在白纸上记下了所有让你感到恐惧的事物，并且按照严重程度进行了排序，你就可以对应每种事物将“过去与这种恐惧相关的经历”写下来。在对应的标题下，描述两到三次你恐惧或焦虑的经历——尽量描述你能记住的最近的经历，并尽可能多地描述一些细节。然后，将这些描述与你之前在清单上确定的对这种恐惧的特征描述进行比较，看看两者是否一致。

你还记得当经历恐惧时你对自己说了什么吗？你可能会说“我感觉很糟糕”“我希望能离开这里”“这是一次糟糕的经历”或“我无法承受这件事”。你对自己说的话很重要，因为这些话既可能减弱你的恐惧和焦虑，也可能增强你的恐惧和焦虑。请详细列出你对过去这些情况的反应。你是束手无策，还是落荒而逃？你是心静如水，还是出现了焦虑的症状？请列出你所有的反应。

然后，仔细检查你写的内容，问自己一些问题：这些恐惧是正常的还是不正常的？这些恐惧是理性的还是非理性的？你的恐惧会产生什么后果？你会发现，在承认和了解恐惧的过程中，你的恐惧将会得以缓解。

就像害怕壁橱里的幽灵一样，你越是花时间琢磨它——琢磨它的颜色、大小、性情——你的恐惧就越多。但是，当你拼命抓住一只手电筒，然后借着亮光朝壁橱里看时，你就会发现里面根本没有幽灵。所以，在大多数情况下，这些所谓的恐惧只存在于我们心里，或仅仅滋生于我们的内心。

无惧一切，勇敢面对

找我咨询的很多女性曾表示她们特别惧怕被人排斥。以下是我曾听到的一些想法。

- 我给人们留下的第一印象必须是善良、积极的。如果不是这样，人们就永远都不会喜欢我或者接纳我（第一印象演变成一场灾难，这种害怕被排斥的恐惧让局面变得如此尴尬）。
- 我需要一场完美的开场白（这种想法会让女性永远无法开口，因为根本就不存在完美的开场白）。
- 在和他人交谈时，我必须全身放松，吐字清晰。否则，对方会注意到我的不自在，然后排斥我。

我们该如何去应对这些不可能实现的期望呢？方法就是挑战自己，看看这些期望是否切合实际。在大多数时候，你会发现这些期望是消极的、夸张的。

> 恐惧和愤怒相互助长，形成一个不断持续的恶性循环。

但请记住，被排斥的感受会滋生愤怒甚至盛怒。害怕被排斥的人通常不会直接发怒，因为他们害怕招致更多的排斥。所以，他们变得愈加恐惧，需要更多的接纳和安慰，而这又会让他们更加羞怯，产生更多的需求。如此一来，恐惧和愤怒相互助长，就形成了一个不断持续的恶性循环。

直面恐惧或焦虑

如果你的恐惧是合理的，那么你完全可以学习如何直面这种恐惧。这样，你可以让自己的精神世界慢慢变得强大起来，并能逐渐意识到自己的能力。

如果你能够承认自己对某个事物的恐惧，并且明确地知道到底是什么让你感到恐惧，那么你已经在胜利的道路上迈出了最重要的一步。现在不妨问问自己：“我该怎么做才能消除或减少自己的恐惧？”通常，解决的办法大都包含直接面对。直面恐惧，但要循序渐进，不要着急，慢慢来。首先，你需要树立起自信心，你可以向别人寻求支持和鼓励，让别人知道你正在做什么，并请求他们给予支持。

战胜恐惧需要时间。

如何克服忧虑

你是否经常会感到忧虑？以下几个小策略可以帮助你克服忧虑（你可能会发现，之前提到过的一些有助于克服恐惧或焦虑的方法也可以用来克服忧虑）。

- 当你开始感到忧虑时，请承认它的存在，不要逃避，因为它会一直纠缠着你，让你无处可逃。不要为此感到困扰，因为你的困扰非但不能帮你解决问题，反而会让问题更加严重。
- 请在一张白纸上分条列出让你感到忧虑和焦虑的事情。描述时要尽可能详细完整，记录其发生的具体时间。
- 写下是什么原因导致了自己的忧虑。调查产生忧虑的原因。你是否有可能将忧虑的根源消除？你是否做过尝试？你具体做过哪些尝试？
- 写下你每天在忧虑上面花费的时间。
- 另外列一份清单。注明：（1）你的忧虑是否阻止了问题的发生？（2）你的忧虑是否加剧了问题的严重性？
- 如果感到紧张或焦虑，请尝试去除所有让你感到愤怒的原因。远离这些原因，直到你学会如何应对。例如，如果是一些烦人的世界大事让你感到忧虑，那就不要看那么多新闻；利用这段时间放松身心，比如看看书、摆弄下花草，或者骑行几英里，避免让自己手忙脚乱；如果你担心迟到，那就早一点出门，多给自己预留一点时间。

- 避免身体、情感或大脑等方面出现任何疲惫。一旦你感觉疲惫，麻烦事就会接踵而至。
- 一旦发现自己又开始忧虑了，就马上问问自己："这件事是该由我来担心的吗？"换句话说，这件事真的关系到你和你的生活吗？或者，这是不是别人该担心的事？因为很多时候你的担心或忧虑很可能是一种伪装，你真正害怕的是别人对你有什么看法。
- 当出现问题时，请直面问题，然后看看自己到底能做些什么。列出所有可能的解决方案，然后选出你认可的最佳方案。如果这些都是很小的事情，那就迅速做出决定。多花些时间在重大决定上。

忧虑的人通常说："我一遍又一遍地思考这些问题，还是不能确定哪种方法最好。"那么请你根据实际情况，自己决定。在做完决定之后，不要对自己的决定感到怀疑或担忧。否则，忧虑会再次全面爆发。请练习这种做决定的新模式。

测一测让你感到恐惧的原因

以下是一些常见的让我们感到恐惧的原因，正是对这些事情的恐惧，让我们无法坦诚地说出自己的想法，或做我们认为对的事情。请慢慢地、认真地阅读这份清单。思考下列每个选项对你当前的选择和人际关系的影响程度，并勾选出适合你的选项。

☐ 害怕伤害某人

☐ 害怕被排斥、被批评或不被认可

☐ 害怕遭受身体虐待、攻击或恐吓

☐ 害怕冲突或害怕让事情变得更糟

☐ 害怕失败或犯错

☐ 害怕冒险或面对危险

☐ 害怕当众出丑或失控

☐ 害怕听到他人的看法或言论

☐ 害怕遭受尴尬或羞辱

☐ 害怕被抛弃或孤独

☐ 害怕无法胜任或不符合要求

☐ 害怕亲密关系或暴露弱点

如果令你恐惧的事物不在这份清单中，那么请在下面的空白处写下来。

____

____

针对你列出的每个选项，回答下列问题：

1. 你第一次意识到这种恐惧是什么时候?

2. 产生这种恐惧的原因是______________________________

3. 这种恐惧通常发生在______________________________

4. 我想用来代替这种恐惧的其他反应是____________________

5. 我将采取的步骤是______________________________

第9章

愤怒的另一种表现——抑郁

H. 诺曼·赖特

你可能已经知道，抑郁时是什么样的感觉。是的，你会感觉到悲伤，但抑郁时的悲伤与失望或失落时的悲伤不同。失望或失落时的悲伤很快会消失殆尽，并且即使有悲伤情绪，也不会对你的正常生活造成影响。但抑郁不同，抑郁时的悲伤持续时间更长，程度更深。抑郁不会轻易淡化，它会让你丧失判断能力，会使你的行动力减弱，会直接影响到你的生活、工作和家庭。

当抑郁时，人的身体活动——包括吃饭、睡觉、性行为等——都会发生变化。比如：有些人开始厌食，而有些人开始暴饮暴食；有些人睡不醒，而有些人睡不着。如果你还发现自己的性欲有所减弱，那很可能就是抑郁引起的。不管抑郁会造成什么样的影响，它都会干扰你身体的正常运转，而由此造成的身体机能损伤只会让你的抑郁更加严重。

因为缺乏自信、害怕受到排斥，所以你主动远离他人。不幸的是，当你感到抑郁时，你的某些行为的确会引起他人的排斥。你不再参加自己喜欢的活动，不回别人的电话，想方设法避免和别人说话或见面。你不仅想躲避他人，想逃避问题，还想逃避生活本身。你甚至有过离家出走或自杀的念头，而之所以会产生这样的想法，是因为你对生活失去了希望，觉得生活毫无意义。

当抑郁时，你会对他人的言行过于敏感，你可能因此变得很消极，甚至会误解他人的言行。因为这些误解，你很容易发怒甚至哭泣。

你还发现自己很难压制住任何情绪，尤其是愤怒。通常，你会直接把愤怒发泄在他人身上，但是你也可能会误把愤怒发泄到自己身上。在这种情况下，你会觉得自己一无是处，不知道该如何解决。人们抑郁时通常也会产生内疚感，这种说法可能有事实依据，但也可能只是一种猜测。抑郁的同时，你之所以经常感到内疚，可能是因为你认识到自己在某种程度上是错的，也可能认识到自己的抑郁给别人带来了痛苦。不仅如此，抑郁还会扭曲你对生活的认知。

理查德 · F. 伯格（Richard F. Berg）是一位心理治疗师，他把我们感知事物的能力描述成类似照相机的东西。通过使用不同的镜头或滤镜，摄影师能对真实的图像进行修改。比如，广角镜头的视角范围大，但镜头中的物体看起来会比实景更远、更小；长焦镜头能聚焦在一朵美丽的鲜花上，但会把花园的其他景色挡在镜头外；在鱼眼镜头下，开心地露出笑容的人像会出现变形、失真；而滤镜可以模糊现实，可以将图片切割成几张图片，也可以将光亮的场景调暗，甚至可以给图片添加迷雾效果。抑郁就像摄影师手中的镜头和滤镜，会扭曲我们对世界的认知；它也更像一组滤镜，让人觉得生活很黑暗，让人看不到生活中的温暖和欢乐。摄影师知道切换镜头会造成图片的变形，但是抑郁的人意识不到自己在切换情绪时的扭曲。当我们感到抑郁时，我们会在不知不觉中“选择性失明”，也就更加意识不到自己的扭曲了。而且，我们的抑郁程度越深，扭曲的程度就越深。

关于抑郁

简单来说，抑郁只是一种消极情绪。但是，这种情绪也可能是生重病（甚至恶性疾病）的一种迹象。“抑郁”这个词既可以用来形容

"闷闷不乐"或"忧郁"的情绪，也可以用来形容神经或精神紊乱。抑郁按严重程度可分为轻度、中度和重度抑郁。抑郁既可能是无害的，但也可能危及生命；抑郁既可能激发人的创作灵感，也可能让人产生自杀的念头；抑郁既可能是一种精神紊乱，也可能只是精神紊乱的一种征兆。

不论是未满一岁的婴儿还是百岁以上的老人都可能会抑郁。有些人的抑郁很容易被外行人观察到，但还有一些人的抑郁可能被掩盖得只有心理专家才能识别。

抑郁既可能是由身体、心理、情绪或精神问题引起的，也可能是由这些问题共同导致的。我们之所以抑郁，可能是因为我们习惯了自己骗自己，也可能是我们的大脑缺乏重要的神经递质或出现了递质紊乱。造成抑郁的一般原因包括：疲惫、食欲不振、饮食不当、休息不足、药物反应、腺体失衡、经前综合征、低血糖、食物过敏、自卑、思维模式消极、行为与自己的价值观相悖、产后问题，等等。气压变化和晚秋时节（或冬季）缺乏阳光也可能会影响人们的情绪，从而引发抑郁。

抑郁中的希望之光

抑郁是不正常的吗？并不是。抑郁一直以来都存在，将来也会一直存在。并不是只有你一个人感到抑郁，事实上，很多人都在饱受抑郁的折磨。历史上很多伟大的人物都有和抑郁抗争的经历，所以不要认为抑郁是一种罪。那并不是真的！抑郁是我们对生活中发生的事情的一种正常反应。我一直很喜欢阿奇博尔德·哈特（Archibald Hart）对抑郁积极一面的描述：

抑郁和痛苦差不多。痛苦虽然给我们带来了很多的不便，但它相当于一个预警系统，对我们的生存至关重要……如果我感觉不到痛苦，那我在走出家门的第一天就可能会莫名其妙地死去。我们拥有抵抗抑郁的能力，我们拥有一个非常重要的预警系统，一旦出现问题，它就会为我们发出警报。

> 如果你能从不好的生活经历中感受到痛苦、悲伤和失望等真实情绪，那么抑郁是无害的。

有一个简单易懂的新办法可以帮助我们描述抑郁，那就是学会分辨抑郁是否有害，这样一来，我们才可以对症下药、积极应对。如果你能从不好的生活经历中感受到痛苦、悲伤和失望（也可能是内疚、愤怒和焦虑）等真实情绪，那么抑郁是无害的。这些不好的生活经历可能会包括你曾经受到的伤害、你曾失去的东西、你曾受到的歧视和不公平待遇，还有你过去遭受的某种痛苦（这种痛苦对你的影响至今还未消散）。如果你是因为这些不好的经历而感到抑郁的，那么你的身体仍然可以正常运转，只是没有平时状态好。

抑郁之所以有害，是因为人们受抑郁影响的程度很深，以致在生活的各个方面——包括工作、人际交往、生产活动等最基本的方面——都无法正常发挥身体机能。这可能是由多种因素引起的，比如太多痛苦的经历、遗传因素以及人体内各种化学元素的微妙变化等。

事实上，无害抑郁通常不会有生物学症状，这是无害抑郁和有害抑郁的一个主要区别。两者的另一个主要区别是抑郁者是否能够正常地生活和工作。无害抑郁的影响不是很严重，通常即使没有专业人士的帮助人们也可以解决。值得注意的是，消除抑郁有两个关键因素，那就是意识和行动。你本可以直面这个世界，可是一旦抑郁对你的健康产生危害，那你就很可能会把自己封闭起来，把整个世界拒之门外。

女性是否比男性更容易抑郁

女性是否比男性更容易抑郁？看起来的确如此。抑郁的人中至少有 2/3 是女性，而且一些研究表明，女性和男性的抑郁人数之比可能高达 6 ∶ 1。为什么会这样呢？因为人们失去任何东西都可能引发反应性抑郁。人们失去的可能是实实在在的东西，比如一个人、一份工作、一栋房子、一辆汽车、一张珍贵的照片、一只宠物。人们对这些东西的依赖程度越高，失去时就越失落。对女性来说，失去爱人、亲人或朋友更是毁灭性的打击，因为她们在这些关系中投入了太多感情，已经建立了强烈的依赖关系。人们还会失去生活中的一些看不见摸不着的东西，比如爱、希望、理想、自尊等，虽然这些东西仅仅存在于人们的心里，但失去它们也会给人们带来巨大的打击。试想，如果你失去了自己的梦想，你会怎么样？

最让人难以接受的是，我们会失去一些自己迫切希望得到的东西。虽然这些东西是否会失去还是未知数，但是失去的可能性极大。比如，我们担心活检会有不好的结果，担心过不了国家司法考试，担心收不到意向大学的录取通知书。这些情况极有可能给我们带来巨大影响，但是我们对此无能为力，所以我们可能会产生抑郁。从某种意义上来说，对于我们迫切希望得到但极有可能会失去的东西，我们会感到束手无策、郁郁寡欢。即便还不能确定是否会失去这些东西，我们也会感到难以承受、无所适从。

我曾和许多女性交谈过，这些女性表示，她们在 20 岁、30 岁、40 岁这几个人生的关键转折期都经历过抑郁。对于一个女性来说，她很难知道自己是否做出了正确的决定。而且，当步入中年后，她还会失去其他的东西，比如失去成为母亲的机会，失去身份地位，失去外表的吸引力。她甚至可能会因自己没能成为本可能成为的人而悲痛不已。

前面我们提到过，愤怒、内疚与抑郁相伴而生，愤怒、内疚会引发抑郁。如果你不知道自己发怒了，或者没有将愤怒表达出来，而愤怒又想找到一个惩罚对象，那么这个对象就会变成你自己，也就是说，愤怒会郁积在你的心底。男性在表达感受时往往比女性更主动。如果女性缺乏自信，她们就不会直接表达自己的感受，就会退缩，也正因为如此，她们会感到无力，进而变得抑郁。

不切实际的期望也容易让我们抑郁。如果我们的理想高于现实太多，那么一旦无法实现，我们就会特别失望。不切实际（unrealism）可能是因为我们对自己、对他人，甚至是对自己的信仰缺乏信心。通常，女性和男性交往是因为对彼此抱有期望，期望未被满足就会引发愤怒，愤怒得不到缓解就会引发抑郁。

不切实际的期望也容易让我们抑郁。如果我们的理想高于现实太多，那么一旦无法实现，我们就会特别失望。

抑郁是否会遗传

遗传性抑郁是指抑郁会因受到生物学因素、遗传因素、文化因素或心理因素等影响而传递给下一代，使下一代更容易产生无害抑郁或有害抑郁。这种遗传性抑郁有时被伪装得非常好，让人难以察觉。这四种影响因素中最难识别的是生物学因素或遗传因素，或两者兼有。遗传性抑郁的症状可能表现为上瘾、饮食紊乱或身心不安。此外，由于人们经常会观察和学习身边人的一些行为，所以抑郁还可能通过身边的榜样进行传递。亲属也可能把自己抑郁的思维方式甚至行为方式传递给其他人。

你的家族中有谁抑郁过？尤其是你的女性亲属，哪些抑郁过？思考和研究一下这几个问题，你可能会觉得很有帮助。在你了解这些问题的过程中，问问自己，你目前的抑郁程度如何？五年前是什么程度？青春期的时候呢？小时候呢？在过去两年里，你发生过多少改变？失去过多少东西？承受过多少压力？有过多少次失望？生过几次病？受过几次伤？在过去一年里呢？你是如何应对这些情况的？你从别人那里获得了怎样的支持？你是否对这些感到愤怒？如果是，那你是如何应对愤怒的？愤怒是否转变成了抑郁？

抑郁有多大可能会对你的生活产生影响？作为一名女性，你至少有 1/4 的机会患上严重的有害抑郁。如果你的亲属，尤其是女性亲属，经历过严重的神经性抑郁症或躁郁症，那么你患上这些抑郁症的可能性就是其他人的两到三倍。

如果你的近亲中有酗酒或吸毒等抑郁症状，那么你出现类似症状的可能性是其他人的八到十倍。如果你的近亲自杀过，刚好你也有抑郁症状的话，你自杀的倾向就会更大。

这一切说明什么？说明你不仅不能无视自己的抑郁，也不能无视自己的愤怒。请注意，你需要找到应对抑郁的其他方式。

如何应对抑郁

请记住，这种复杂而又令人困惑的问题叫作抑郁，抑郁存在的意义在于，它提醒你生活中的哪些方面出问题了，只有认识到问题的存在，才能想办法消除问题。

你得承认你有抑郁情绪。你可以给它起个其他名字，但不要无视在你生活中正发生的事情。

然后，检查一下是否有哪些身体原因引发了你的抑郁，你也可以去找医生寻求帮助。

如果没有身体原因，那么接下来请问一下自己两个关键问题（你可以让自己的爱人或好朋友帮你仔细想想）：

- 我是不是做了可能引发我抑郁的事情？请你检查自己的行为，确定其是否符合你的价值观。
- 是我心里所想的事情，或是我思考问题的方式导致了我的抑郁吗？这与愤怒有关吗？

请你找出抑郁的“诱因”。抑郁的诱因有的很明显，你很容易找到，有的比较难发现。为了帮助自己找到这些诱因，你可以在卡片上写出以下问题：我做过什么？我去过哪里？我和谁说过话？我看到过什么？我读过什么？我当时在想什么？当你感到抑郁的时候，看看这张卡片，它可能会帮你回忆起引发抑郁的想法或事件。

请不要试图独自应对抑郁。如果抑郁已经伴随你一段时间了，那么找值得信任的朋友谈谈。行动起来！

从新的角度看待抑郁

你能想象抑郁后的生活比之前更好吗？尽管看起来不太可能，但是许多人有过这样的经历。通过抑郁，你可以从新的角度看待生活，可以对自己的能力和地位有更深刻的认识，可以重新看待他人并找到与他人相处的新方式。

测一测你的抑郁程度

1. 确定你在青春期、年轻时以及过去三年里感到抑郁的具体时间段，并思考引发这些抑郁的原因是什么。

2. 列出你在生命中曾失去的重要东西。它们中的哪些仍在影响着你的生活?

3. 当你抑郁时，你会做些什么来应对抑郁?

4. 当你抑郁时，你会做些什么来缓解抑郁?

5. 请总结你从抑郁中对自己有了哪些新的认识。

6. 当下一次感到抑郁时，你会采取哪些有用的措施?

第 10 章

面对骚扰和虐待，请你愤怒起来

H. 诺曼·赖特

在《厌恶女性的男性，热爱女性的女性》（*Men Who Hate Women and the Women Who Love Them*）一书中，苏珊·福沃德（Susan Forward）和琼·托雷斯（Joan Torres）对“虐待（abuse）”的定义如下：“虐待是指所有使用恐吓、羞辱、言语攻击或身体攻击等手段实现控制或征服他人的目的的行为。在某种意义上，虐待是一个家庭成员对另一个家庭成员的一贯迫害。”也就是说，以拳脚实现对身体的虐待，以言语和表情实现对情绪的虐待。

身体虐待指的是一种或多种野蛮的身体接触。它是一种故意而非无意的伤害行为。身体虐待包括任何企图或已经对身体造成伤害的行为，包括推搡、抓扯、推撞、掌掴、踢踹、撕咬、扼喉、拳击、用物体击打、用匕首或枪支攻击他人等。我永远不会忘记我见过的第一位受虐客户，她的丈夫将她的头撞向浴室地板，还扯下了她的几缕头发。

情绪虐待具有多种表现形式，包括恐吓、侮辱、大吼大叫、乱发脾气、恶语中伤以及没完没了的指责。暴力威胁也是一种情绪虐待，包括持械威胁、挥拳恐吓、毁坏财产，或踢你的猫等。对于家庭出现的困难，或是不闻不问，或是一味指责，都属于虐待。

谁施虐？为何施虐

生活中有谁虐待过你吗？施虐者可能是你的父亲、丈夫或男朋友，或者可能是其他女性。尽管本章内容主要讨论的是男性施虐者，但请记住，女性也可能是施虐者，她们可能对自己的丈夫、孩子甚至父母施虐。

童年在原生家庭中遭受过家庭暴力和虐待的男性更有可能虐待自己的爱人或女朋友。施虐者通常自己曾受过虐待，或是目睹过父母一方遭受过虐待。当言语虐待或身体虐待成为解决家庭内部矛盾和冲突的固定模式时，孩子们就很难有机会学习到如何用其他方式表达愤怒，他们会延续虐待这种解决问题的模式，因为这是他们最熟悉的一种模式。

男性施虐者往往很难表达自己的情绪，而且一旦有情绪产生，他们也很难去识别和应对。通常，男性施虐者无论是感到恐惧、挫败还是焦虑，发怒是他们宣泄情绪的唯一方式。他们常常很难向他人表达自己的情感，最后也只能以施虐的方式表现出来。

男性会把不露声色当作控制他人的有力手段。当他一言不发的时候，谁知道他正在想什么？谁愿意自找麻烦去打破平静呢？所以，家庭成员都会顺着他的心意，不会冒险创造机会让他宣泄内心的情绪。当不露声色不奏效时，男性就会通过身体虐待发泄自己内心的愤怒，并以此控制他人。

许多研究表明，男性施虐者离家后通常非常优柔寡断、缺乏自信，他们在家里的行为就能反映出这一点。这类男性的自我感觉很差，不符合社会公认的男性应有的形象标准，他们的行为超出了正常尺度，进而变成了施虐者。

男性施虐者对丈夫和妻子的家庭角色有着根深蒂固的认知。通常，当妻子被社会孤立时，为了获得情感上的支持，她不得不依赖那个对她施虐的丈夫。男性施虐者认为，丈夫在家里应该是绝对的、唯一的领导者。他们对男性角色的认识还包括男性永远都不应该表现出自己脆弱的一面；男性永远都不应该向他人求助；男性是家里所有事情的唯一决策者；任何时候，男性都应该受到全家的“尊敬和尊重”；男性的情绪应该由自己掌控。男性施虐者希望自己的妻子能在各方面顺从自己，事事都要表现得不如自己。换句话说，男性施虐者对男性形象的理解非常扭曲。

还有最后一点，众所周知，很多施虐者都有难以戒除的烟瘾、酒瘾和其他不良嗜好。尤其是，喜欢酗酒的施虐者更是非常普遍。

谁能容忍被虐？为何容忍

什么样的女性能够容忍被虐？她们有什么共同之处吗？遭受虐待的女性有很多共同特征，当然也有例外，也有很多女性不能容忍虐待行为，她们要么成功地制止了虐待行为，要么立即终止了和对方的关系。

> 和施虐者一样，女性受虐者通常也来自施虐型家庭，她们缺乏自信。

和施虐者一样，女性受虐者通常也来自施虐型家庭，她们通常缺乏自信。很多女性受虐者认为虐待是正常的行为，因为她们就是在施虐型家庭中长大的，她们甚至还可能会因自己遭受虐待而感到自责。

女性受虐者往往很自卑，这种性格很容易让女性变成丈夫暴虐的牺牲品。威胁、嘲笑、贬损和指责等情绪虐待对女性的打击非常大，会让女性越来越没有自尊。如果你在一段时间内反复听到别人对你进行负面指责，你就会开始信以为真。很多女性最终会觉得自己不配拥有更好的东西，她们会变成“讨好者”，试图满足家庭中所有人（除了她们自己）的需求。

如果你正在被虐待，那么你很可能还抱着不切实际的希望。你相信早晚有一天，只要有足够的耐心、足够老实，你的丈夫就会有所改变。你相信你丈夫做出的每一个承诺，因为不被虐待的时光是美好的，你确实也尝到过幸福生活的甜蜜。

朱迪是我的一位客户，她曾连续几个星期到我这里来咨询。有一天她刚到就对我说：“我不确定我还有没有必要再来找你咨询。吉姆的转变很大，似乎实现了不再虐待我的承诺。我觉得他这次是认真的，而且他不虐待我的时候，我们的感情真的特别好。”

听完她的话，我问了她两个问题：“朱迪，吉姆虐待你多久了？他曾说过多少次不再虐待你这样的话？”其实，从我们以前的交谈中，我就已经知道了答案。我的问题刚问出，朱迪脸上的笑容就消失了，因为她也记得吉姆总是言而无信，距离上一次发生虐待才过去 10 天。

如果你被虐待了，那么日复一日，年复一年，你往往就会把自己孤立起来。你开始在社交中孤立自己，因为你害怕别人发现你的处境，还因为你的丈夫更希望你能随时听候他的差遣。早晚有一天，你会将自己和外界隔开，你将意识不到自己还有其他选择，然后你会在这种受虐模式中越陷越深，无法自拔。

对感情和经济的依赖往往会把你困在这样的婚姻关系中：如果你没受过什么教育或没什么工作技能，那么你可能就会害怕自己变得一无所有。如果你有工作，那么谁掌管你的钱呢？很有可能是你的丈夫。

失去个人边界是造成这种悲惨处境的原因之一。女性受虐者无法客观地确定自己是否处于某种危险中。虐待变得太过常见，甚至连流血、瘀青和疼痛都无法表明女性的个人边界已经被入侵。

女性受虐者面临的最大难题之一可能是她们在婚姻中固守的传统角色。固守婚姻中的传统角色本身没有错，但如果你的丈夫已经对你和孩子构成了威胁，你就该果断放弃。然而，即便如此，很多女性仍试图挽救自己的婚姻，她们相信出于爱和顺从，妻子应该容忍丈夫的过错。

如果你的婚姻很失败，你就会认为修复婚姻是你的任务；如果你把你的自我价值与婚姻是否成功联系在了一起，你就很容易理解为什么你要承受那么大的压力让婚姻继续下去。对你来说，离婚是失败的标志。这种观念加上某种文化价值观，也许还有你来自离异家庭的原因，会让你安于现状。然而有时候，为了让你的爱人相信他正在伤害你们的婚姻和家庭，暂时分居是有必要的。

面对虐待，你该如何保护自己

如果你发现自己或自己认识的某个人正在遭受虐待，你该怎么做?

如果你的爱人正在对你（或任何其他家庭成员）进行身体虐待，那么就请你采取必要的措施将自己（或任何其他家庭成员）从被虐的处境中解救出来。假设你已经尝试过解救自己，你曾试图通过适当的反抗来保护自己，也曾请家人或朋友来协助调解，但结果是什么都没有改变。即便如此，也请你记住，你是一个有价值的人，不要让其他人虐待你，没有人天生就该遭受虐待。

你可以立即寻求专业帮助。专业人士和机构会按照以下步骤为你提供帮助：（1）找出有关虐待的法律条文以及你能采取的法律措施。

你需要清楚自己的合法地位和权利，熟悉有关虐待爱人或虐待孩子的法律条文、警务流程以及受害者的权利。（2）为你自己或其他受虐者制订一份安全计划，计划中应该包括寻找一个安全的场所——一个没有威胁、可以让受害者被接纳，且能够得到保护的环境。制订一份到达安全场所的计划，计划中要指明到达目的地的最佳时间、乘坐哪种交通工具、携带多少现金和衣物等。（3）找到你可以信赖并能够向你提供帮助的人，借用他人的关系寻求帮助。

当将自己从暴力威胁中解救出来后，你需要集中精力改变自己的生活，以防再次变成受害者。虽然这需要勇气，但当我们有足够的力量和勇气时，我们的生活就会发生改变。回忆你遭受虐待时产生的所有情绪，并将它们写下来。如果你感受不到任何愤怒，那么一定是某个地方出了问题。请多注意曾发生在你身上的所有事情，认识到很多事情有多么错误和不公。

如果你经常受到言语虐待或情绪虐待，那么就请你明确你想从施虐者那里得到什么，而不是从虐待行为本身得到什么。你可能想让施虐者听你的劝告，想让施虐者礼貌又友善地和你讲话，想让施虐者尊重你、理解你，并认同你的观点。

请确定自己不再允许对方对你做哪些行为。请你具体描述出来，这很重要。你可能会说：

- 我不允许他咒骂我；
- 我不允许他侮辱我；
- 我不允许他冲我大吼大叫；
- 我不允许他在公共场合斥责我；
- 我不允许他摧毁我的自尊心；
- 我不允许他试图控制我。

你必须确定要对自己的施虐者说些什么。当你刚开始想要对他说话时，你可能会感到惊慌和恐惧。但请记住，你是可以克服这些的。你可以换一种方法去说，比如，直接明确指出哪些行为你是可以接受的，比如“你不可以这样跟我说话，我能接受的是你……”

选出其中的某些话，然后在一张空椅子对面坐下，朝着空椅子大声练习，想象对方对这句话的反应。虽然这种方式会让你产生很多情绪反应，但你练习得越多，你就变得越自信，你的情绪压力就减轻越多。请记住，当你果断地做出回应时，你没必要跟对方解释你为什么这么说。当虐待你的人问其他问题时，你可以使用重复的方式，即只重复第一次说过的话。不要和对方争辩。此外，我们发现，和一位值得信赖的朋友排练自己的回应也非常有用。

不要去想“我到底做错了什么，让他这样对我”。虽然很多人都会这样想，但要知道，这样想是不对的。你要想“他这样对我，他到底怎么了”。当你看到对方做出你所希望的行为时，请用感谢和赞美鼓励这种行为。你可以说“我真的很感谢你这样做”“谢谢你的体谅”或“当你这样和我讲话时，你真的很有魅力”。

了解性骚扰

“性骚扰”是一个特别容易引发争议的词语。如今，各大媒体上经常会有关于性骚扰的报道，即便不是每天都能听到，至少每星期你也会听到一次。即便你自己从未经历过性骚扰，你认识的人中也可能有人经历过。也许你经历过性骚扰，只是你自己没有意识到罢了。性骚扰随处可见。现在，我对性骚扰有了更深入的了解，我记得上高中时，我们班的男教师和女学生之间发生过性骚扰。性骚扰在工作场所很猖獗。

1991 年 10 月，美国全国女性管理者协会（NAFE）公布了一项民意调查的结果。结果显示，在参与调查的人中，77% 的人表示在工作场所中存在性骚扰问题，并且 55% 的人表示性骚扰曾发生在自己身上。然而，64% 的人表示没有举报性骚扰。在举报过性骚扰的人中，大多数人认为性骚扰问题并没有得到妥善解决。这些人要么被解雇，要么被迫辞职，要么被换到不想去的工作岗位。大多数性骚扰都没有被举报，主要因为遭受性骚扰的女性会觉得自己低人一等，她们不确定自己的权利和选择，也害怕遭到对方的报复。

究竟什么是性骚扰？性骚扰是一种违法行为，涉及范围广泛。性骚扰是故意或频繁发生的具有色情性质的行为，是一种不受欢迎的、不被允许的、骚扰者“一厢情愿”的行为。性骚扰是故意且反复发生的行为，包括言语骚扰、非言语骚扰、身体骚扰。言语骚扰包括性评论、性玩笑、性建议、性影射等。非言语骚扰相当常见，包括暗示性的表情、色眯眯地看女性、向女性抛媚眼、挡住女性的路，或者让女性害怕自己被抓住把柄。身体骚扰包括“不小心”的行为和故意的行为。“不小心”地触碰女性身体，或“友好”地拍、挤或掐女性都被认为是轻微的故意行为。但这种骚扰可能会变得非常严重，会从直接的抚摸和揉擦变成女性为了保住工作而被迫与自己的老板或雇主发生性关系。

为什么有些女性很难毫无顾虑地说出自己遭受了性骚扰？原因非常多。内疚、羞耻、尴尬，或者害怕被别人贴上反应过度、造谣煽动的标签，或者过度敏感或精神崩溃等都可能是女性说不出口的原因。女性的教养可能使她无法面对这个太过痛苦或不安的话题，有些女性甚至可能认为性骚扰就是生活的一部分。女性必须学习应对。有些女性曾表示，举报性骚扰者没有任何好处，或者不清楚或不信任举报程序。

但女性很难说出自己经历了性骚扰也许有更深层、更重要的原因，这些原因与传统和文化密切相关。长期以来，人们认为女性是负责控制性行为程度的人，认为边界是由女性设置的，因此当性骚扰频发时，女性通常会想："我做错了什么？"

制止性骚扰

如果性骚扰发生在你的生活中，那么你要做的就是立即制止；如果性骚扰发生在你的工作中，那么你在制止性骚扰的同时，还要保住自己的工作和升职机会。这里列举了一些你需要思考的问题，以及你可能要采取的步骤。

- 无论是什么行为，或无论发生的频率有多低，性骚扰都是一个问题。
- 一定要承认存在性骚扰问题，不要自欺欺人地否认受到了性骚扰。你可能会选择把忽略问题当作解决性骚扰问题的策略，然后看这个问题是否会消失。选择忽略性骚扰和否认发生在你身上的性骚扰是完全不同的。
- 要认清性骚扰的本质——故意或频繁发生的具有色情性质的行为，且该行为是不受你欢迎的。性骚扰是否一次又一次地反复出现？性骚扰者知道你不欢迎他的行为吗？你有明确向对方表明你不喜欢被性骚扰吗？你具体是怎么说的？你是否参与或挑起过对方的这种行为？比如，你自己讲黄色笑话，或在拒绝男性的求爱行为时还面带微笑。
- 不管是何种性骚扰，每个人都要为此付出很高的代价。你所承受的压力会更大，你的工作效率也极有可能受到巨大的影响。所以，你需要立即制止这种行为。

- 请记住，你所在的公司会很乐意去制止工作中的性骚扰。工作中的性骚扰会导致员工消极怠工、生产力下降、士气低落、工作积极性降低等，这些会直接影响到公司效益。
- 一旦出现性骚扰行为，就应立即对其进行制止。私下里冷静、严肃地告诉对方，你不喜欢他的行为。说话时务必保持放松、自信的姿态，既不要弯腰驼背，也不要趾高气扬。花时间调整好自己的位置，既不要俯视对方，也不要仰视对方。你的声音要平稳而坚定，看着对方的眼睛。如果你站着，那么适当地保持距离——既不要太近，也不要太远，太远的话你就得提高音量，这样显得很不自然。手势要得体，不要握紧双手，不要向下看，不要盯着对方看，不要向对方靠近，也不要在对方鼻子下面晃动你的手指。通常，举手投足间保持镇定和克制特别有效，尤其是当你第一次对性骚扰这种冒犯的行为表明态度，并且这种行为不是很严重时。

一旦出现性骚扰行为，就应立即对其进行制止。私下里冷静、严肃地告诉对方，你不喜欢他的行为。

- 用第一人称“我”来进行表达，例如：“你 [叫我填表格]（触碰到我、给我讲笑话——描述我不喜欢的行为）的时候，我感觉很不舒服（尴尬、生气、被冒犯——说出你的感受），我希望能被认真对待（被平等对待、得到你的尊重——说出这种行为让你困扰的原因）。”不要微笑，不要触碰对方，不要给对方含混不清的信息，也不要使用幽默。有时，写下这些句子并提前排练会很有帮助。
- 通过重复对方的话来回应对方，然后重复自己的想法。如果对方回应说他无意伤害你，或说你太敏感了，你可以说：“我知道你无意伤害我，但是，当你（说出对方的冒犯行为）时，我感到（说出你的感受），因为（说出你的理由）。”你不需要改变之前排练好的话，按部就班地说出即可。

- 请用下面的语言来表明你的态度：“请直接叫我的名字（不要触碰我，不要给我开那些玩笑）。”说具体一点。如果对方继续做出让你讨厌的行为，那么你要再次郑重申明自己的态度。比如：“我已经跟你说过三次了，我对工作以外的任何事情都不感兴趣。我希望你不要再问我了。”用这种方法进行一到两次尝试。如果你没有从那个冒犯你的人身上看到任何效果，那么你不得不继续进行其他的尝试。
- 向同事寻求帮助，甚至可以让同事帮助你与对方交谈。因为有时通过另一个人传达信息，或者有其他人在场的情况下传达信息，对方会听得更加清楚明白。
- 如果对方的性骚扰行为还在继续，那就给他写封信，写出你反对的行为以及原因。一定要详细地写清楚自己的想法。如果你觉得情况非常严重或有继续发展的趋势，那就让对方知道，如果对方不立即停止性骚扰行为，你就会采取行动。如果你的公司明文规定反对性骚扰，那么你可以在给对方的信中附上这份公司规定。
- 写一份日志，记录发生在工作、学校或家中的事情。这份日志既可以包含人与人之间发生的事情，也可以包含电话里发生的事情。写清楚他人对你做的事情、说的话以及这些事情发生的频率。
- 如果对方没有停止性骚扰行为，那么你可以向主管、经理或老板寻求其他帮助。如果问题出现在雇主身上，那就寻求法律咨询，看看自己还有没有其他办法。
- 如果你选择无视性骚扰，那么你就不要指望这种行为会停止了，数据显示，性骚扰问题会加剧的可能性达到 75%。如果性骚扰者没有得到任何拒绝，那他为什么要停止呢？

- 对于严重的性骚扰，千万不要尝试自行解决。即使是第一次遇到，也不要选择独自应对，而是要让你的朋友和家人知道这件事。如果问题比较严重，那就立即让公司里的其他人知道这件事。
- 如果简单的计划不起作用，或者如果问题远比想象中的更复杂或更严重，那你可能需要更周密的计划。在这种情况下，要找出造成这一问题的所有原因，保持心理平衡，保留自己的观点态度，这一点非常重要。
- 制订具体的行动计划，明确时间、地点和具体行动。思考计划的每一步会产生的所有后果。请记住，此时你的目标有两个：制止性骚扰行为和保持工作效率。
- 如果性骚扰问题同时发生在好几位女性身上，那么大家集体行动会非常有效。你可能认为自己是唯一遭受性骚扰的女性，不好意思告诉别人，其他女性可能也会这样想！所以，千万不要自己一个人处理所有的问题，尤其是在面对那些看起来麻木不仁或满怀恶意的性骚扰者时。向朋友、主管或经理寻求帮助，他们也许能够帮助你解决问题。
- 让你的计划具有一定的灵活性。性骚扰者、经理或公司代表的反应可能会改变你的计划或时间表。

不要落入偏执的陷阱——不要认为所有的男性都是施虐者或性骚扰者。并不是所有的男性都这样。那些施虐者需要得知的信息是：别人无法容忍他的行为。也许这样的信息会让施虐者感到震惊，敦促他们尽快处理自己的问题，处理导致他们出现虐待行为的一系列扭曲的价值观。

请记住，你有独一无二的价值与尊严。如果有人侵犯你的底线，那么你完全有权去制止他。实际上，你不仅在制止他们对你的虐待和性骚扰，同时也在制止他们对其他女性的虐待和性骚扰。

想一想你是否被虐待过

1. 在你认识的人中，哪些遭受过虐待或性骚扰？

2. 为了帮助他们，你能做些什么？

3. 你是否曾遭受过某种程度的虐待或性骚扰？

4. 在你现在的生活中，你需要采取哪些措施应对虐待或性骚扰？

第 11 章

原生家庭中的愤怒

H. 诺曼・赖特

虽然你生来就有愤怒的能力，但是应对愤怒的能力却不是生来就有的，它一定是你在某个地方学会的，这里所说的某个地方就是你的原生家庭。原生家庭将表达愤怒的方式传承给了你，这种方式既可能是正常的，但也可能是不正常的。

很多女性告诉我，她们很感谢父母可以无所顾忌地表露愤怒。她们说："这让我明白，我可以发怒，父母还恰当地展示了如何应对愤怒。"还有一些女性告诉我："妈妈从没告诉过我不可以发怒，她还会引导我合理地表达愤怒，我很感激她这样做。"但也有很多女性对于自己看到或听到的关于愤怒的事情，并不怎么理解。她们之所以不理解，要么是因为她们见识过愤怒失控有多么可怕，要么是因为她们生活在一种回避愤怒的压抑氛围中。但是，不论是失控模式，还是回避模式，你或多或少都会被影响。

我们在一项全美调查中提出了一个问题："小时候，你看到人们表达愤怒的主要方式是什么？"以下是从调查中抽取的一些回答。

- 说话"刻薄"（一种排斥反应）。
- 大嗓门、暴力摔门。
- 生闷气。
- 跺脚、（母亲发怒时会）拍巴掌、（父亲发怒时会）保持沉默。

- 说些羞辱和讽刺人的话。
- 大喊大叫、涕泗横流。
- 通常不敢表露出愤怒。
- 父亲发怒时会打母亲；母亲发怒时会变得冷漠、不易亲近。
- 父亲有家暴倾向，发怒时会骂我们、揍我们、把我们往墙上撞；母亲发怒时会尖叫、踢打橱柜、用刷子头打我们；我和哥哥姐姐（他们两个也经常打架）会在父母发怒的时候两头劝架。
- 我母亲说我小时候从来没见过别人发怒，因为她从来不生气；我觉得她错了。
- 父母闹矛盾后谁都不理谁；我和我姐姐闹矛盾时会争论不休。
- 身体虐待和言语虐待；我们家从没讨论过如何处理情绪，因为每次讨论的时候，总有人喜欢打岔。
- 尖叫；有时候会扔东西（母亲反复无常、脾气暴躁；父亲很被动，不轻易发怒）。
- 默不作声；疏远对方；睡觉；努力工作；抑郁或其他（身体）疾病；流泪；大吵大闹；骂人，然后发脾气。有时，我们或我父母会对表达愤怒的方式进行讨论，但是讨论完还是没有任何改变。

拒绝发泄愤怒

在一个家庭所有不正常的愤怒表现中，最糟糕的就是刻意回避愤怒、不表达愤怒。

许多家庭表面看起来相安无事，互动起来很正常，但实际上不一定真的如此。父母闹矛盾的时候，从表面上看，两个人都沉着冷静，和以前一样相处和睦，但他们的怒气其实并没有消散。他们双唇紧闭、眼神犀利、表情痛苦且经常沉默不语，这些都表明他们还很愤怒，也正是这些行为让孩子们完全感受不到父母的爱。在这样的家庭里，孩子们不会发怒，因为他们不敢，发怒是被禁止的。孩子们受到的教导是：“不仅不能发怒，连愤怒的感觉也不能有。”就好像他们真能控制好情绪似的！

这些孩子一直被灌输一种拒绝发泄愤怒的模式，这种模式会影响他们的一生。你可能很小就学会了这种拒绝模式；又或者，现在你已经是成年人了，你可能一直在教自己的孩子不要宣泄情绪。但是，拒绝宣泄任何情绪只会让情绪越积越深，再加上没有正确的宣泄渠道，情绪很快就会泛滥成灾。拒绝宣泄某种情绪意味着这种情绪所蕴含的能量将反噬你自己，而且这种能量会慢慢消耗你、摧毁你的潜力。

这种拒绝宣泄情绪的模式听起来是否似曾相识？为了帮你找到答案，我用“回避愤怒”来解释一下这种模式。这是一种集思想、行为、情绪于一体的模式，在这种模式下，人们试图无视、回避并压制自己内心的愤怒。

有些家庭就属于愤怒回避型家庭，家庭中的所有人或大部分人总会努力地把发怒的概率降到最低。通常，这些家庭的孩子身上也带有这种回避模式，并且会将这种模式在他们自己的家庭中延续下去。如果他们的爱人遵循着截然不同的表达方式，那么两人的关系会极为紧张。

在愤怒回避型家庭中，父母中至少有一方会采用这种回避模式。孩子们只要有足够的洞察力，就会发现父母中有一方害怕或反感发怒，慢慢地就会觉得愤怒是不好的、危险的、可耻的。

为什么这些家庭会遵循这种愤怒回避型模式呢？因为对许多家庭来说，这是他们试图维持家庭和睦和正常生活的一种方式。一旦他们将愤怒表达出来，就会威胁到家庭和睦和正常生活。家人们可能会彼此疏远，或者愤怒可能会失控。父母一方或双方可能认为愤怒总是具有破坏性的。而这种模式之所以会在其中一些家庭中得以维持，是因为人们错误地认为家人们没有能力应对愤怒。实际上，愤怒可能造成的最坏结果都是人们凭空想象的，也正因为如此，愤怒被注入了很多负能量，远远超出实际情况。

愤怒的应对机制

这些愤怒回避型家庭采用了多种机制来应对愤怒。例如，当家里有人被激怒时，其他家庭成员会选择视而不见，而且，大家会无视、拒绝带有愤怒的表情和语气，会压制或拒绝愤怒的感受。

冲突在任何婚姻关系或家庭关系中都不可避免，但愤怒回避型家庭将冲突看作不正常的现象。在他们看来，冲突会威胁到家庭稳定，所以一定是危险的。

如果两个家庭成员打算坐在一起谈谈两人之间的差异，那很可能会引发愤怒。所以，家庭成员会回避差异、安抚差异、平息差异。他们尽己所能地避免任何有争议的事情，并尽可能地对他人做出让步。可是这样一来，大家反而会明白，发怒能让他们得到自己想要的东西。

由于避免了直接的请求和对抗，因此操纵反而变成了愤怒回避型家庭的代名词。如果你提出请求，有人可能就会发怒。但是，如果你的请求遭到拒绝，那么你也可能会发怒。因此，在愤怒回避型家庭长大的人更容易变成喜欢暗示和卖惨的人，尤其容易变成被动攻击型的人（第 1 章对这种行为模式进行了描述）。家庭成员也习惯于将彼此带入消极的行为模式之中。

愤怒回避型家庭中形成的这种回避模式很危险，往往会让已经存在的愤怒变得更严重。回避愤怒的人一开始特别不愿承认自己有烦恼和怒气。对他们来说，承认这些情绪就是承认自己发怒了，而这是他们所不能接受的。所以，他们努力压制，希望这些情绪会自行消失，但这是没用的，情绪一旦爆发就很难收场。一旦出现愤怒失控的状况，就说明某人的确承受着巨大的恐惧。正如一位女性所说："我一直生活在对愤怒的恐惧之中。如果我真的发怒了，我就很可能会失控——我也确实失控过。我害怕愤怒，而且我特别害怕自己会因很小的事情而发怒。"大多数愤怒回避者们都会这样说。

回避愤怒的人一开始特别不愿承认自己有烦恼和怒气，所以他们努力压制，希望这些情绪会自行消失，但这是没用的。

其实，愤怒回避型家庭有时允许一个或多个成员发怒。家庭成员们可能会觉得父亲是爱发脾气的人，或者多动症儿童、酒鬼、劳累过度的母亲才喜欢发脾气。

通常，愤怒回避型家庭中的人大多患有生理疾病或者抑郁。因为他们会隐藏愤怒，而这很快就会引发愤恨。要注意，愤恨必须有发泄口。愤恨就像皮下的一根刺，在看不见的地方溃烂化脓，最终通过另一种渠道爆发出来——生理疾病或者抑郁。

你可能会觉得自己是家里第一个与愤怒抗争的人。实际上，你既不是第一个，也不是最后一个。如果愤怒对你来说是一个难题，那么对你家庭中的前几代人来说也同样如此。你正与之抗争的愤怒属于家族传承的一部分，它在困扰你的同时也在困扰着其他家庭成员。基于这一点，对你家族的情绪（尤其是愤怒情绪）做家族史研究就显得非常重要。如果你不了解、不明白家族的情绪史，那么不论上述提到的拒绝和回避模式是否正常，不论你是否已经意识到问题的严重性，这些模式都更可能在你身上重现。如果你真的有拒绝和回避愤怒的倾向，那就表明你既没有确定自己是怎样的人，也没有确定自己想要成为哪种人。请花点时间思考并回答以下几个问题，你既可以从自己的记忆中寻找答案，也可以询问你的家人（包括你的兄弟姐妹、叔叔阿姨或其他德高望重且知识渊博的家人）：

- 你父亲何时发过怒？
- 他当时是怎么表达愤怒的？
- 他通常会对谁发怒？
- 愤怒持续了多久？
- 当时的结果如何？
- 如今对你有何影响？

- 你母亲何时发过怒？
- 她当时是怎么表达愤怒的？
- 她通常会对谁发怒？
- 愤怒持续了多久？
- 当时的结果如何？
- 如今对你有何影响？

- 你的兄弟姐妹何时发过怒？
- 他或她当时是怎么表达愤怒的？
- 他或她通常会对谁发怒？
- 愤怒持续了多久？
- 当时的结果如何？
- 如今对你有何影响？

家庭生活掠影

琼来找我做心理咨询时对我说，愤怒在她家很常见。她用诙谐幽默的方式向我讲述了发生在她家的愤怒。

你一定听说过，有人被任命为驻外大使，代表着自己的国家。嗯，我就接受了代表我家的一个任命，但这个任命并不讨人喜欢，我被任命为“家庭愤怒员”。我记得，那时候大家总是跟我说，我是这个家里最爱发怒的人——即使我没发怒，他们也这么说！后来我就想，如果他们真的希望我那样，我就做给他们看。但是这些年来，我发现我是家里唯一一个发过怒的人。有时，我觉得他们在等着我发怒，这样他们会好过一些。他们会挑衅我，直到我发怒为止。我终于明白他们是在通过我发泄他们自己内心的愤怒！而我就变成了他们指定的“发怒专员”！我希望他们可以自己发泄愤怒，而不是利用我！

在米歇尔的原生家庭中，愤怒是被压制的，甚至连因激动或紧张而抬高嗓门都被认为是愤怒的表现。一些言语表达和非言语表达在她家都被贴上了愤怒的标签。

我成了一个非常出色的伪装者，我应该去剧院工作。我戴着这张讨喜的面具，虽然愚弄了所有人，但愚弄不了我的身体。多年来，我学会了用微笑来隐藏内心所有的愤怒，这让我觉得自己像个人格分裂的人。后来，我的身体开始反抗了，我失去了半个胃，所以很多东西再也吃不下了，当然也“吃”不下愤怒了。我猜我的胃一直在记录我遭受的所有伤害和挫败。我也不太喜欢笑了，因为笑会让我想起自己生活在太多谎言中。我希望我的父母知道这是他们让我压制愤怒的后果。

凯当时20多岁，单身，因为她母亲对她总是过度保护，操碎了心，所以即便她已经成年了，她也还是像个小女孩一样被母亲呵护着。为此，她正跟母亲进行着抗争。

我母亲太忧虑了，她会虚构很多令人忧虑的事情，每天都给我打电话。我发誓她每次纠结的都是同样的事情，但她为了看我是不是听了她的话，每天都必须查我的岗。我觉得，她应该写了一份查岗清单打算逐一盘问我。我告诉她，我 27 岁了，已经独立很多年了，但没用。她生来就是个查岗师，而且我猜她永远都改不了这个习惯。我以前曾经和母亲一样的人共事过，但后来我跟他说“我受够了”，然后就辞职了。但是我不能不做我母亲的女儿，我也不想她总为我担心。我希望她和我在一起能开心，但无论我怎么努力，好像都不能真正取悦她。虽然我不想她生我的气，但我现在越来越生她的气了！

许多女性和凯一样，不得不经常与控制欲强的人打交道，而这让她们越来越愤怒。

波比·里德（Bobbie Reed）称控制欲强的人是“唯我独尊”的人。这部分人一直只想以牺牲他人为代价来取悦自己。他们秉承着高度的批判精神，却无视他人对自己的批判。控制欲强的人通过控制来传达自己潜藏在心底的愤怒，他们会用不同的手段控制他人，其中包括：

- 人情债：“如果不是我帮你说了好话，那么你现在还被困在那里做那份可怜的工作。”
- 讽刺：“哦，既然你记得这是个派对，那你来的时候怎么看起来那么邋遢？”
- 假设性同意：“你如果愿意停下来想想，就会发现我是对的。机灵的人一眼就能看出来。”

- 被迫选择："告诉我你这周哪天过来，我现在就想知道。"
- 判断性表述："你都 33 岁了，你真不该让你母亲这样掌控你的生活。"
- 免责声明："我不是想挑刺儿，但是……"
- 话中话批评："你不会真打算穿成这样去教堂吧？"
- 推卸责任："你不参加的话，对我来说无所谓，但我想这可能会给主办方（或是你的父母、朋友）带来麻烦。"
- 隐含的双重信息："我为什么要介意你每天给自己的老母亲打电话？"
- 假装在聊自己的事儿，同时明确指出也在聊你的事儿："我早该知道不能把那架相机借给你。让你用相机，现在它不见了，是我的错。"

人们报复家里控制欲强的人的方式比较隐蔽，他们往往会采用间接报复的手段，比如，他们经常会生闷气、噘嘴，或是沉默不语。他们也会采取一些其他的报复手段，如拒绝同床共枕、背后说坏话、散布谣言、故意把事情搞砸、制造混乱、假装不小心弄丢东西、故意迟到，等等。以上这些都属于被动攻击型手段。采取这些间接表达愤怒的手段对他们来说有一定的压力，因为他们害怕遭到对方的报复和反抗。

然而，如果你直接反抗控制欲强的人，就会陷入另一个陷阱：你有可能变成和他们一样的人。你可能会通过批评、讽刺甚至人身攻击来表达自己的愤怒和挫败；你也可能采取其他一些手段，而且没什么事情能够阻止你做这些，因为你相信你所做的一切都是他们罪有应得的。有些人不敢反抗控制欲强的人，就只能在脑子里想象一下；还有一些人则会把情绪全都发泄出来。那么，你不妨猜一下，最后哪种人看起来像坏蛋？

父女关系

如果你的父亲比较专横、易怒，那么作为他的女儿，你可能会下定决心活得和父亲不一样。虽然你认为这样做能向父亲证明，你不会再被他控制了，但事实上，你暴躁又消极的表现恰恰表明你仍然受到父亲的控制。所以，你的怒气并没有消散。

有时候，父亲会过度依赖女儿，从而实现对女儿的控制。为了控制女儿，父亲不断夸大自己的需求，而女儿对父亲越来越愤怒。最后，女儿会想尽办法拒绝父亲的要求，但她又会为自己不能满足父亲的需求而感到内疚，所以最终她会因内心的愧疚而生自己的气。

也许对许多女性来说，最糟糕的一种情况就是被恐惧包围，而这归咎于她们有一个沉迷于权力和控制欲的父亲。这样的父亲认为，周围所有人都得听他的。他时时刻刻都在提醒自己的女儿："我是你父亲，我在你生命中比其他任何人都重要。你必须满足我的一切需求！"

控制欲强的父亲非常善于利用愤怒去控制和摆布周围的人，对别人的期望过高且不切实际，对别人太过吹毛求疵。他靠着伤害他人来取乐，还会贬损和讽刺他人。他很少道歉，又善于为自己犯的错找借口。他喜欢把责任推给别人，并且很少有人敢反对他。不管做什么，他都要高人一等，他必须赢。家里的一切事情都必须由他做主，这也让其他所有人都过得小心翼翼。

许多女性因受制于父亲而感到愤怒，所以经常对其他男性表现得冷淡疏远，或者在自己的父亲和其他男性面前摆出一副桀骜不驯的态度。

这些被父亲控制的女性因为受到父亲的影响，所以更喜欢有爱心、体贴、善解人意、有耐心、有担当的男性。但是，这样的男性去哪里找呢？通常情况下，这些女性最后会吸引到那些和自己父亲一样的男性，或是虽具有上述特征但性格相对软弱的男性。对于这两类男性，她们仍会用愤怒来反抗。

母女关系

大多数母女关系都有一种爱恨交加的特性。当你听到“妈妈”这个词的时候有什么感受？许多女性回应道：“哦，我爱我妈妈，她是最好的。”但是，一旦出现问题，她们就从爱母亲变成了指责母亲。回想一下，你曾经说过以下这些话吗？

- 她从来没有真正理解过我。
- 我交往过的男生，她一个都没认可过。
- 不论我们讨论什么，她都试图掌控我。
- 我多希望她能多关心我一点。
- 我多希望她能少关注我一些。
- 我多希望她当初没把我逼得那么紧。
- 我多希望她当初能把我逼得紧一些。

女性在希望得到母亲的悉心爱护和认可的同时，却还要对母亲发怒。也许有一天，母女关系会很美好、称心如意，但痛苦的争执很快便会接踵而至。这种矛盾的感觉让人很难适应。

你之所以会对母亲发脾气，可能是因为你对她的期望落空了，或是因为我们的文化把母亲理想化了，认为母亲是完美的，还可能是因为你需要得到她的认可。如果你没有得到她的认可，或她对你的认可程度没有达到你的期望，你就会用愤怒保护自己——但这也会让你对自己的感觉更糟。

你对母亲发脾气也许是为了保护自己，也许是想借此克服自己的无助感。通常在这种时候，你的内心在叫嚣着“我不想让这种情况继续下去，我希望事情能有所转变”。

但如你所知，人在愤怒之后必然会走向另一个阶段，因为愤怒通常既改变不了另一个人，也不能阻止你讨厌的事情重演。因为愤怒，两个人之间的距离会越来越远。而你的当务之急就是消除对母亲的愤怒，因为女性往往比男性更容易因愤怒而内疚。当你因愤怒而感到内疚时，你只会对母亲产生更多的愤怒，因为她是让你感到内疚的罪魁祸首。

我发现，许多女性的自尊心和自信心是基于母亲对她们的评价而形成的，所以为了得到母亲的认可，她们任由母亲摆布。这让女儿们对母亲所能给予的哪怕一丁点儿认可都分外在意，然而，这也更让她们相信母亲对她们就是不认可，当然这很可能是一种假象。于是，她们开始对母亲恶言相向，和母亲的相处也越来越不尽如人意——总之，就是一个恶性循环。

你害怕自己的母亲吗？因为恐惧是引起愤怒的主要原因之一，所以确定女性为什么害怕母亲有助于帮她们解决问题，而这种恐惧也就不会代代相传了。女性害怕母亲的原因主要有三种：（1）害怕失去母爱；（2）害怕母亲去世；（3）害怕自己变得和母亲一样，做母亲曾对自己做的事。

无数女性在与母亲的各种复杂情感中苦苦挣扎，最后感到无比悲伤，因为母亲永远不会像她们心里所想的那样，感情上的距离会让她们彼此更加疏离。当你感到非常愤怒和悲伤时，情感就会变得很麻木，你和母亲之间甚至会更加陌生。你筑起心墙，将母亲隔绝在外，但你也把自己锁起来了，还锁住了你对母亲的爱。如果你没办法消除愤怒，愤怒可能就会在你对自己的朋友、丈夫或孩子的敌意中得到释放，因此，这种对愤怒的家庭传承就会持续存在。

你是否对你的母亲感到愤怒？请记住，你内心的愤怒是有办法消

> 你是否对你的母亲感到愤怒？请记住，你内心的愤怒是有办法消除的。

除的。比如，你可以学会降低对母亲的期望，找到母亲的闪光点，接纳母亲的缺点，不要总是寄希望于得到母亲的认可，这些都会减少你的怒气。

如何应对自己内心的愤怒

如果你发现自己完全符合前面的描述，那你能做什么？你会如何应对自己内心的愤怒？你该如何改变呢？让我们来看看下面的一些实用方法。

不要沉湎于悔恨

人们经常会对已经发生的事情感到后悔，我总能听到这些话：

- 要是爸爸或妈妈不是这样……
- 要是我已经学会……
- 要是我没能摆脱她，我们仍然会……
- 要是我说过……

沉湎于这些想法，说明你仍然被过去牵绊，你的未来也会受到限制。如果你做了什么事情或没做什么事情是一种错误，那么请坦然面对。然后，请你开始好好地生活，就当过去的失败已经烟消云散了。

不要沉湎于互相指责

总是怀着指责对方的心去面对过去，是不可能帮你忘记过去的。当你为发生在过去的事情指责他人时，你也在束缚自己的未来，所以请不要沉湎于互相指责。我们所有人都有过去，作为成年人，过去如何影响我们取决于我们自己的选择。

不要否认过去

否认过去是另外一种常见现象。我们虽然发誓要做出改变，但却完全否认过去所有的行为和态度。这些错误的行为和态度并没有得到纠正和改变。劳埃德·奥格尔维说得特别好：

> 我们试着去否认已经发生的事情，但我们所做的一切都是为了压制记忆里的魔鬼。每隔一段时间，这些魔鬼就会叫嚣个不停，想要从我们的记忆中走出来进行一次预演，提前为下一次复出做准备。否认过去的记忆听起来非常让人敬佩，但唯一的问题是否认过去并不能很好地帮助我们面对未来。

反思自己的愤怒观念

请回顾本章前面所列问题的答案，我们想借此帮你确认两个重点问题：（1）过去，愤怒是如何伤害你的？（2）未来，你想如何与众不同？为了实现你对未来的规划，请反思你的哪些愤怒观念仍影响着你的生活——包括对你自己的愤怒、对你父亲或母亲的愤怒，或对其他一些人的愤怒所秉承的观念。

想想自己过去做出的哪些决定可能对你如今的生活有消极影响

许多人在一生中可能会因遵循错误观念而做出很多错误的决定。这些决定让他们故步自封、难以进步，甚至有人可能因遵循错误观念而惹怒自己或身边的人，进而导致困扰自己的问题永远得不到解决。如果你想有所改变，也许你可以这样问自己：我这些年做过的哪些决定会影响我的生活？你会为你的发现感到特别惊讶。

原谅那些曾经伤害过我们的人

接下来要讲的这个方法，可以用我和我妻子最喜欢的一项活动来说明，那就是钓鱼。每当有鱼上钩，我们就会伸手把鱼从鱼钩上取下放生。有时候，鱼需要好几秒才能发现自己已经自由了，便会快速游走，继续悠游自在地生活。

> 原谅他人意味着我们要去体验生活中的积极事物，而非沉湎于消极事物中而无法自拔。

是的，和钓鱼一样，如果我们想要继续过快乐无忧的生活，我们既要原谅自己，也要原谅那些伤害过我们的人。我们别无他法，不能让别人为我们的罪过和错误买单。原谅他人意味着我们能够反思自己的过去，看看过去对现在起到了怎样的积极作用；意味着我们要去体验生活中的积极事物，而非沉湎于消极事物中而无法自拔。

明确你希望愤怒给你的生活带来怎样的影响

一旦你原谅了那些曾经伤害过你的人，你就需要好好地想想：你希望愤怒给你的生活带来怎样的影响。在理性地思考你会如何应对愤怒的同时，也请你花点儿时间思考以下几个问题。

- 你对愤怒有什么看法？
- 你想从愤怒这种情绪中得到什么？
- 对于他人的愤怒，你想要如何应对？
- 你如何才能不受到他人愤怒情绪的影响？
- 你如何用一种积极的、有益的方式表达自己的愤怒？

当你回答完这些问题后，你就能树立起自己的目标，然后变成一个未来思考者。这很有意义，这表明你正在为自己的生活规划一个愿景。这时，你的头脑中会产生一些激动人心的想法，你会开始把不可能的事情看成可能。

就所有这些事情写封信

最后一步是写一封信。这可能不是你预料之中的事情，但我希望你能写这封信，写下你对未来几年生活的规划，写下愤怒将会给你的生活带来的前所未有的变化。花点儿时间写这样一封信，写完后把信的内容大声读出来，不要只读一遍就完事儿，每周都读几遍。

愤怒并非一定是敌人。你既可以把它变成自己的敌人，也可以把它变成自己的盟友，怎么做，完全取决于你的决定。

想一想你将如何表达愤怒

1. 返回第 1 章结尾，注意自己是如何回答第 20 至第 23 个问题的。

2. 你原生家庭中的愤怒模式是否在你现在的家庭中得以延续了？

3. 你现在打算如何表达愤怒？

第 12 章

婚姻中的愤怒

加里·J. 奥利弗

当保拉给我的办公室打电话预约心理咨询时，她和柯克结婚才六个月。我们在电话里聊了几分钟，事情就很明了了，保拉和柯克开始发现对方的一些缺点，这让他们彼此都感到不适，而这也是所有夫妻在结婚第一年都会出现的问题。

"我搞不懂，他怎么能在这么短的时间内说变就变了，"保拉惊叹道，"我们以前约会的时候，柯克很爱说话，似乎很享受和朋友们在一起的时光。但自从我们结婚后，他就不爱说话了，就好像吃了'哑药'一样，完全变了个人。"保拉不仅用幽默掩盖了自己的困惑、痛苦和沮丧，也掩盖了她不愿承认的内心深处的愤怒。

然而，当他们两个人第一次来我这里做咨询的时候，可能正如你所料，柯克对问题的描述和保拉完全不一样。"我整天和人打交道，就盼望能回到家和保拉待在一起，"柯克继续说，"但在保拉看来，好像只要我们没有一直说话，就一定是出现了什么特别严重的问题似的。"

柯克和保拉不仅在交流次数上产生了严重的分歧，还因住在哪里的问题针锋相对。结婚前，他们就决定了婚礼结束后保拉搬进柯克的公寓，然后两人开始存钱准备买房。

然而，在结婚三个月后，柯克的会计告诉他，从经济方面考虑，现在买房对他们最有利。柯克已经看了几套房子，也找到了几套他认为比较理想的房子。然而，柯克每次带保拉去看的时候，保拉总能发现几处问题。

“结婚前，我从没想过我们会在这些看似琐碎的事情上发生争吵，”保拉说，“我们刚约会的时候，一切事情似乎都很简单。”我回应道：“那是因为当时的事情确实很简单。”我非常肯定地跟他们两个人说，并不是只有他们才面临这样的问题。

柯克和保拉认为天作之合的婚姻只应天上有。未被满足的需求、未实现的期待，以及未完成的梦想让他们对这段婚姻越来越失望。再加上一些误解和沟通不当，使得他们产生了烦恼、失望和愤怒等情绪。

和很多其他夫妻一样，柯克和保拉对愤怒这种情绪知之甚少，他们认为彼此之间存在分歧是不正常的、不合理的。然而，他们不知道的是，在两人建立亲密关系的过程中，发怒是他们迈出的第一步。他们眼中只看到了眼前困扰他们的问题，并极力地想去制止。

婚姻中不可避免的愤怒

柯克和保拉相信了一个关于婚姻的最荒谬的想法，这个想法严重地影响了很多人的婚姻。他们相信，一旦两个人真心相爱，他们之间就几乎不会产生任何分歧，也几乎不存在任何冲突，更不会向对方发怒。

我和那些坚信正常夫妻既不会产生矛盾也不会向对方发怒的人们交谈过。现如今，如果是人体模型，那么确实不会产生冲突；如果是死尸，那么也的确没办法发怒；但如果谈到的是在现实婚姻中的活生生的人，那么一定会产生冲突。夫妻二人在努力寻求家庭存在的意义的同时，也在追求个人的价值。在这一过程中，他们势必会产生分歧、矛盾和愤怒。

学会应对婚姻中的分歧、矛盾和愤怒，对于组建家庭来讲非常重要。婚姻中的分歧是无法避免的，这是建立亲密关系的基础。

为了建立与伴侣的亲密关系，双方不得不暴露真实的自己。在伴侣面前，你无法像在公众场合一样言行得当、举止优雅。你所有的弱点、缺陷、不足，以及对失败的恐惧、对别人否定的忧虑都会毫无隐瞒地暴露给伴侣。为了获得与伴侣的亲密关系，你还要尽己所能地让对方明白你有多需要他 / 她、他 / 她对你有多重要。你越是敏感脆弱，你就越想让对方知道你的心意。不过，你越是这样做，内心就越恐惧。当你的恐惧越来越多时，愤怒就会接踵而至。

解决分歧的过程

获得亲密关系的过程与炼金的过程相似。当金匠们开始冶炼含有合金和杂质的生金时，首先会把生金放进容器，然后对容器进行加热。当生金熔化并达到一定的温度时，一些杂质会浮出表面，这时金匠就会把它们铲掉。

这个过程会重复至少六次。如果所有过程进展顺利，最后就会得到纯金。金匠们每次都必须把生金加热到刚好合适的温度：如果温度不够高，杂质就无法浮出表面；如果温度太高，就会失去一些纯金。

我们的亲密关系和这些金子很像，一开始都是未经提纯的生金。我们对爱的意义理解得不够透彻。我们想拥有亲密关系，但又总是不确定亲密关系具体指的是什么，也不确定如何去实现它。然而，我们要允许差异、难题和分歧出现在我们的亲密关系中，而这些东西恰好能够提炼我们的婚姻，让我们的亲密关系逐渐升温。

当温度达到一定程度，亲密关系中的合金和杂质（如骄傲、嫉妒、自私、愤恨、不安和恐惧等）就会浮出表面，我们需要识别出这些合金和杂质，然后将杂质剔除。随着每次新冲突的出现与解决，我们如金子一般的婚姻关系就会变得更加纯净。但这个过程并不容易，也不是一朝一夕就能实现的。

我们要学会如何借助愤怒情绪让生活中的合金和杂质浮出表面。合理地表达愤怒能帮助我们认清、理解和欣赏彼此之间的差异。当我们拒绝表达愤怒并回避彼此之间的冲突时，我们就是在拒绝治愈我们的痛苦，拒绝将我们的心在彼此的爱中更紧密地联结起来。

合理地表达愤怒可以让我们的婚姻关系更加稳固

我们对一个人的爱越深，就越能体会到与那个人有关的各种情绪，包括烦恼、愤恨、愤怒，甚至盛怒。无论这个人是父母、伴侣还是孩子，都是如此。

让我们付出最多时间和精力的人，让我们投入最多的爱和其他情感的人，不仅是我们寄予最高期望的人，也是最能触发我们情绪的人，这些情绪包括恐惧、痛苦、沮丧，甚至是愤怒。“恩爱夫妻运动”（marriage enrichment movement）的发起者大卫·梅斯（David Mace）博士曾说：“人们在婚姻和家庭生活中产生的愤怒，比在其他任何社会环境中产生的愤怒都要多。”

发怒并不代表双方的关系不成熟或者不稳固。虽然愤怒是所有人类关系中固有的组成部分，但愤怒在爱人关系中尤为常见。你越依赖对方，在对方面前表现得越脆弱，对方就越有可能既是你的迁怒对象，又是你的爱慕对象。

> 你越依赖对方，在对方面前表现得越脆弱，对方就越有可能既是你的迁怒对象，又是你的爱慕对象。

在健康的人际关系中，人们会针对某件事情进行争论和反驳，他们对分歧会产生更多的理解、信任和安全感，这也反映出对彼此的尊重。这是与不健康的人际关系的最大区别。

合理地表达愤怒恰恰证明了这段婚姻关系是健康的。在婚姻关系中，如果夫妻双方从不承认自己发怒了，或者从不表达自己的愤怒情绪，那就说明这样的婚姻关系往往经不起折腾、摇摇欲坠、死气沉沉。不发泄愤怒表明这段婚姻关系不够安全，或者不够牢固，夫妻二人无法处理分歧。而且，如果夫妻一方或双方尽力隐藏自己的愤怒，那当他们拒绝或回避愤怒时，二人之间就会出现信任危机，沟通也会受限。

在所有人际关系中，发怒都是不可避免的，但问题不在于是否要发怒，而在于要在什么时间、以什么方式发怒。一段关系能否长期处于良好的状态中，取决于你是否愿意寻找合理的方式表达、应对彼此的愤怒。

婚姻中愤怒的导火线

我们让参与调查的女性回答婚姻中的哪些事情会引发她们的愤怒。下面是她们的一些回答。

男性的缺点。当我们询问女性“是什么引发了婚姻中的愤怒”时，你猜猜女性的第一反应是什么？你猜对了——是男性。当然，这不是指男性本身，而是指男性身上的某些特殊的、让人难以忍受的习性导致了女性在婚姻中的愤怒。以下是在调查过程中一些女性列出的让她们难以忍受的男性特征：

- 不会倾听；
- 控制欲强；
- 害怕与妻子亲热；

- 不养育子女；
- 很自私；
- 不知道如何与妻子沟通；
- 很自大；
- 认为自己只要还在这个家就够了；
- 从不道歉；
- 条条框框过多；
- 很虚伪；
- 要求无爱的性生活；
- 不体贴；
- 在家从不主动做事情；
- 认为妻子做事情理所当然；
- 只关心结果；
- 不懂得尊重、爱护妻子；
- 面对严肃的问题时嬉皮笑脸。

上述特征中有哪些也是你无法忍受的？还有哪些特征是你觉得有必要加进去的？

在《如何与你爱的那个混蛋一起生活》（*How to Live with the Difficult Man You Love*）一书中，心理治疗师南希·古德（Nancy Good）确定了婚姻中男性惹怒女性的常见方式：

- 误解妻子；
- 不懂得倾听，不回应妻子的话；
- 用极度伤人的方式批评妻子；
- 背叛妻子；
- 愚弄妻子、取笑妻子；

- 试图控制妻子；
- 无视自己要做的事情；
- 十分暴躁，有暴力倾向；
- 对妻子不理不睬；
- 一旦出现问题就责怪妻子；
- 虐待妻子；
- 搞砸妻子要他做的事情；
- 长期缺乏热情。

孩子。在我们的调查中，孩子是引发愤怒的第四大原因。对孩子的期望得不到满足很容易让夫妻感到愤怒，他们不仅会对孩子发怒，也会对彼此发怒。南希·萨姆琳（Nancy Samalin）介绍了调查中很多女性经历过的事情：

对很多家庭来说，家就是战场。孩子总是争吵不休、喊叫不断，再加上时不时地挑战父母的权威，真是让人疲惫不堪。让父母感到惊讶的是，孩子的情绪经常能在几秒内从相对平静转变为彻底绝望。早餐中一个没有吃完的鸡蛋或者一杯溢出的果汁，都能让一个平静的清晨陷入一场混战；无论父母有多么希望孩子能睡个好觉，孩子总会把休息时间变成混战时间；吃饭时经常会以孩子拒绝吃饭、大哭大闹、食物一点没动而收场；就连开车兜风也经常会伴随着发泄压力般的大吵大闹。直到我有了孩子，我才知道自己有脾气。非常可怕的是，我如此深爱这些孩子，为他们做出了巨大的牺牲，作为他们的母亲，我的主要责任是养育和保护他们，但他们却激起了我强烈的愤怒情绪。

对性格的基本差异缺乏了解。在谈恋爱的时候，柯克和保拉都为对方的独特魅力所吸引，梦想着两个人生活在一起时的美好画面；他们没有花时间去注意、了解彼此之间的一些重要差别；比起对方的缺点和不足，他们更喜欢关注对方的优点，而对对方的缺点和不足选择自动忽略。

如果在婚前咨询时，柯克和保拉就能接触到迈尔斯–布里格斯类型指标（Myers-Briggs Type Indicator）这样的性格分析工具，他们就会知道柯克性格内向、保拉性格外向。柯克在享受和他人相处的时光时，同样珍惜自己的独处时间。过多的人际交往让他筋疲力尽，他需要独处时间，好为自己“充电”。柯克一整天都在工作、说话，他盼望回家之后只和保拉待在一起。你能想象柯克被自己心爱的妻子指责、排斥的时候内心有多痛苦吗？他被指责难道只是因为他做了自己想做的事情？

作为性格外向的人，保拉不仅很喜欢和他人在一起，还常常觉得精力充沛，仿佛朋友的陪伴能给她“充电”。保拉可以一整天不间断地工作、说话，当她疲惫地回到家之后，她希望有几个朋友来家里做客，然后帮助她再次满血复活。让柯克感到疲惫的事情却能够激励保拉，而那些能够激励柯克的事情却让保拉感到疲惫、无聊。

保拉回忆起她和柯克第一次约会的时候，柯克似乎表现得比现在外向多了。后来两人越来越熟悉，柯克就更加外向了。保拉的回忆并没有出错，问题主要在于：一方面，保拉从未见过柯克回家后是什么样子的，她甚至没有考虑过柯克可能需要“关机”。另一方面，柯克做梦都没想到保拉会想要一直不停地讲话。柯克以为他们不在一起的时候，保拉也同样会用“关机”的方式为自己“充电”。很多人常犯这样的错误：经常认为别人和自己一样，或者认为别人应该和自己一样，如果对方和自己不一样，那他们就一定是错的。

是柯克错了，还是保拉错了？当然不是，他们之间只是有差异而已。“差异”不是一个贬义词，它能扩大婚姻关系的深度和广度。夫妻间的差异能将平凡单调的婚姻关系变得生动多彩。不幸的是，柯克和保拉都没能认识到，更没能去理解他们二人之间一些最基本的差异。

当我们不确定，也不了解彼此之间的差异时，这些差异很容易让我们措手不及、感到不适，也会让我们对自己所认知的“正确观念”感到怀疑，强迫我们重新思考自己的思想观点和做事方式是否正确。

对性别差异缺乏了解和肯定。在过去的几年里，为了让公众相信男性与女性之间没有实质性的差异，人们付出了巨大的努力。人们得出的结论是：任何看似可能出现的差异都完全是由社会造成的，都是表面的、假想的差异，缺乏现实依据。

> 尽管男性和女性在智力、天赋、重要性和个人价值等方面是平等的，但彼此仍旧存在着很多差异。

我们不同意上述结论。根据我们的调查研究，以及为女性提供咨询的经验，我们得出了以下结论：尽管男性和女性在智力、天赋、重要性和个人价值等方面是平等的，但彼此仍旧存在着很多差异。男女平等不代表男女没有差异。

在婚姻关系中，沟通方式的不同是男性和女性之间最重要的差异之一。在《你只是不了解：男性和女性沟通方式的差异》（*You Just Don't Understand: Women and Men in Conversation*）一书中，作者黛博拉·坦嫩（Deborah Tannen）写道，男性和女性之间的很多冲突源于对异性的基本误解。比如，开车的时候，妻子询问丈夫：“你想停车吃点冰激凌吗？”丈夫思考了一分钟，然后回答：“不想。”之后，丈夫感到很受挫，因为他意识到妻子生气了。为什么呢？因为妻子早就想停车了。“如果你想停车，为什么不直接说呢？”丈夫问。

夫妻二人都误解了对方。妻子误以为丈夫的“不想”没有商量回旋的余地；丈夫误以为妻子的询问是要他做个决定，而不是开始讨论两人想要怎样。很多男性更愿意给出一个字的决定，例如“是”或“不”，而不是开始进入一个目的不明确的讨论中。

很多男性和女性在处理问题的方式上有所不同。当女性讨论问题的时候，她们更多的是在寻求对方的理解和同情，而不是尝试找“解决方案”。她们想和值得信任的人分享自己的处境。对女性来说，在交流过程中得到对方的支持可能比得到解决方案更有意义。

很多男性只有在想获得他人建议的时候才会跟别人讨论问题，在和女性讨论问题的过程中，他们只会给女性提出建议、尝试解决这个问题，而不是花时间去理解女性的处境。男性的这种行为通常让女性感到非常懊恼，因为男性更多关注的是结果，而非整个交流过程。他们觉得帮妻子解决难题就是爱妻子的表现，但当妻子对他们的做法并没有表现出丝毫的感激之心时，他们会感到无所适从、惊讶。

此外，在交流过程中，如果男性发现交流的内容涉及对方的私人问题，为了尊重对方，他们可能会改变话题。很多男性认为，如果对对方的私人问题展开讨论，那只会让对方难堪，甚至会让这个问题更加严重，从而让对方的心情更糟糕。女性则恰好相反。当朋友同女性分享私人问题时，女性更愿意通过主动倾听、深入了解、询问相关问题等来表示对对方的尊重和关心。

说到对对方问题的反馈，在与他人的交谈过程中，女性更有可能直视对方的眼睛，而男性通常会避免任何的眼神交流。在交谈过程中，女性更有可能提问。为了表现出对对方的关心，女性会很认真地倾听、紧盯交谈内容，同时还可能会用一些细微的暗示，比如“嗯嗯”“对的”或“是的”等给对方适当的反馈。当女性说“是的”时，表明她正在听你讲话。大多数男性只有在同意对方的观点时才会说“是的”。总体来说，男性给出的反馈会比女性少很多，男性更有可能用概括性总结和质疑做出回应。

另一个差异是关于道歉方式的，这也是让很多女性痛苦和愤怒的主要原因。很多女性会说“我很抱歉”，并将此作为和他人建立联系的一种方式。当然，还有其他方式，比如说“我很抱歉你发生了这样的事”或者“我很抱歉看到你这么难受，我也很难受”。对很多男性来说，说“我很抱歉”意味着承认自己是错的，意味着自己需要道歉。然而，在他们看来，道歉这种行为让他们处于下风，而且对很多男性来说，道歉是没有男人味的，是绝对不能接受的行为。

最后一个差异体现在男性和女性处理冲突的方式上。在一个采访中，约翰·戈特曼（John Gottman）博士阐述了婚姻中的这个差异。

> 女性往往会把处理冲突当作自己的责任。而男性在面对冲突时则常常会退缩——他们会选择更努力地工作，而且比起家人来，他们更愿意和朋友一起做事。对夫妻来说，理解这一点很重要。因为只有这样，当问题确实与性别差异有关时，他们才不会把问题归咎于另一人。

如何处理婚姻中的冲突

容易发怒既是婚姻中的一种普遍现象，也是能够威胁到婚姻质量的一个危险因素。愤怒通常会导致冲突，而对于建立更健康、更牢固的亲密关系来说，冲突能否得到妥善解决是关键所在。既然应对愤怒、解决冲突有可能会让夫妻之间更加亲密、更加信任对方，那么为了能更有效地应对婚姻中的愤怒和冲突，为了让这些愤怒和冲突为我们所用，而不是成为伤害我们的利器，我们可以采取哪些具体步骤？

培养良好的沟通技巧

第一步是减少不合理的愤怒表达和不必要的冲突。因为婚姻中的愤怒和冲突大多是由沟通不畅引起的，所以可以通过积极地培养良好的沟通技巧来有效地减少不必要的冲突。实际上，这比我们想象的要容易多了。

最有效的方法就是能共同阅读一本有关夫妻有效沟通的基础读物，这也是培养夫妻沟通技巧最好的方式之一。H. 诺曼・赖特撰写了一本《沟通：美满婚姻的关键》（*Communication: Key to Your Marriage*），柯克和保拉阅读后惊讶地发现，书中有很多实用的方法对他们的沟通很重要。他们总是极力想让对方明白自己的想法，却不懂得多花点时间去倾听对方的心声。柯克和保拉已经陷入了一个很常见的困境：解决他们所不理解的问题，试图理解他们没有定义的问题。

快速解决，绝不耽搁

柯克和保拉没过多久就明白了，在婚姻中，他们很容易让恐惧、痛苦和失望等情绪积聚。当他们还能忍受这些情绪的时候，他们不会进行任何处理，但之后，一旦时机成熟，这些情绪就会突然爆发！当他们想回过头去寻找引发问题的原因时，却不知道当时为何要争论，甚至都不知道让他们如此烦恼的事情是什么。事实上，他们经常发现自己为很久以前的事情争论不休，而那件事情早已被争论过无数遍了。

在柯克和保拉的婚姻中，他们的愤怒大多是因一些小问题而产生的，要么是还没有确定问题出在哪里，要么就是确定了问题出在哪里但没有进行及时处理。慢慢地，随着这种情况的多次重演，这些极小的问题逐渐变成了似乎无法解决的、具有威胁性的大问题。

这些情况让我想起了热气球。从远处看，热气球很小，但你离它越近，你看到的热气球就越大。但是，一旦移除热风，热气球就会变得相对较小，而且易于控制。让柯克和保拉产生分歧的很多问题就像热气球一样，只要移除了热风，都会变小、变得可控。

> 有时候，对于我们所要面对的问题，我们需要学会鉴别问题的性质，并认识到这些问题是正常的，而这也是婚姻生活的一部分。

当你意识到彼此之间发生了冲突时，请试着明确以下几个问题：问题是什么？问题出现多久了？是谁的问题？问题真的有你想象的那么严重吗？有时候，对于我们所要面对的问题，我们需要学会鉴别问题的性质，并认识到这些问题是正常的，而这也是婚姻生活的一部分。

培养洞察力

婚姻中的愤怒大多源于对他人习性的反感、生活中微不足道的小事或者转瞬即逝的烦恼。辛迪和罗杰已经结婚 20 多年了。辛迪说，在他们结婚后的前七年时间里，她被罗杰的种种言行举止折磨得极度痛苦，非常沮丧。

最后，在朋友的鼓励下，辛迪去拜访了一位心理咨询师，希望能“找到一些办法，帮助罗杰做出改变”。心理咨询师强烈建议辛迪在两周时间内，将罗杰做过的所有让她感到糟糕的、可怕的、难以接受的事情列成清单。然而，当辛迪列出并阅读这份清单时，她告诉我：“我为自己的发现感到震惊，甚至有点儿尴尬。”这份清单读起来是这样的：

罗杰早上起床时心情愉悦、侃侃而谈；他喜欢吃烤焦了的面包，咬面包的时候会发出很大的声音；他会远程控制电视，喜欢同时观看好几个节目；在早上穿好衣服后，他总是忘记关衣橱的玻璃滑门；他笑的时候有时会发出“哼哼”声，他清嗓子的时候总会发出奇怪的声音；他总是把冰块盘装得很满，水溢出来，然后在冰箱里冻成一块块冰坨；在逛街买衣服时，他很难决定买哪件。

当她看到这些小问题如此微不足道时，辛迪坚定地说："总的来说，罗杰没有那么糟糕，是我自己自私、不够成熟、脾气不好，老让那些琐碎的烦心事困扰着自己。"

当你选择要释放心中的愤怒时，请区分出哪些是需要处理和面对的大问题，哪些是婚姻生活中你必须面对的小事情。如果你面对的问题会占用你过多时间，那么在此之前请问问自己：这个问题有多重要？如果要给这个问题的重要程度打分，那么这个问题是一个低分项目，还是一个高分项目（在 1~10 的分值范围内，1~5 为低分项目的分值范围，6~10 为高分项目的分值范围）？低分项目可能是激怒你或让你感到失望的事情，但它并不是很重要的大问题。很明显，辛迪清单上列出的所有事情都是低分项目。高分项目包括：如何表达爱，如何做出重要决定，谁决定去哪里度假，家庭资产如何分配，还有柯克和保拉最喜欢的问题之一——住在哪里，等等。

承认自己的问题

假设你已经确定了某个问题是你一定要解决的，那么在花大量时间研究你的伴侣该如何做出改变之前，请先问问自己：我的那部分问题是什么？女性喜欢用美妆镜看自己，但更喜欢用放大镜看自己的丈夫。

弄清自己愤怒的原因

问问自己：为什么会愤怒？是因为丈夫和孩子，还是一种对当天经历的所有糟心事的宣泄？女性可能容易将自己所有的愤怒发泄到丈夫身上。"有时我会对工作中一些男性对待我的方式感到愤怒，"洛伊丝说道，“当我回到家里，就好像我在故意找我丈夫的毛病，然后可以借此发泄一通。我以这种疯狂的方式来‘报复’那些欺负我的人。我知道这对我丈夫来说不公平、很荒谬。”

当然，并不是只有女性才容易做出这种行为。压抑、隐藏自己内心的恐惧、痛苦和失望，然后将这些情绪发泄到我们最关心和最爱的人身上，似乎是人类的本性。

练习如何理性争辩

如果你面临的问题是一个高分项目，那么请练习如何做到理性争辩。你最好能够先理清事实，培养澄清问题的宝贵技能。澄清问题能缓解你当前的紧张情绪，帮助你拓宽视野，鼓励你用新的方式去思考问题，激励你找到更多的事实证据来解决问题，同时还能帮助你看到更多的选择。

请记住，只有清晰、理性的争辩才能帮你实现最有效的对抗。千万不要去愤怒地声讨、不留情面地贬损或歇斯底里地大哭大闹。我要再次强调一下，如果你感觉自己马上就要情绪失控了，那就赶紧暂停讨论，花点时间整理下思路，然后重新集中注意力。你可以深呼吸几次，去外面散散步。

练习如何与对方沟通

请问问自己：为了在和对方沟通时处于有利地位，你是否需要对自己要说的话进行练习。这里有一些建议。

- 你可以使用空椅子技术。把两张椅子面对面摆放，你坐在其中一张椅子上，然后假装对方坐在另一张椅子上。告诉对面的空椅子，你此时的感受以及产生这种感受的原因。

- 你可以给伴侣写一封永远不会寄出的信。在你把这封信大声朗读两三次后，你可能会惊讶地发现自己变得更加自信和豁然。

当你开始练习如何与对方进行沟通时，请确保叫出对方的全名。用一两个例子告诉对方你所担心的具体问题是什么，说话时尽量不要太过消极或刻薄。让对方知道他的行为给你带来了哪些影响，以及你对此有何感受。

如果你感到愤怒，就直接告诉对方你现在很愤怒，然后给出你愤怒的具体原因。让对方知道你希望看到未来发生哪些变化。要明确地说出你想要一种更牢固、更健康的婚姻关系。

当谈话结束后，感谢对方花时间倾听，然后，就再也不要提这件事了。

在我们的调查中，很多女性表示发怒是一件令人特别不适的事情。请记住，自信地表达自己并不是一种攻击行为，而是一种沟通行为。有句话是这样说的：我足够珍惜我自己、珍惜你、珍惜我们之间的关系，因此我能在爱中说真话。

想一想你是如何处理婚姻中的愤怒的

1. 你婚姻中的愤怒来自哪里？你能采取哪些积极的方式解决这个问题？

2. 当和孩子打交道时，最让你愤怒的是什么？你能采取哪些积极的方式解决这个问题？

3. 关于你和伴侣的相似和差异，最让你感到失望的是什么？你能采取哪些积极的方式解决这个问题？

第 13 章

愤怒的反应过度与反应不足

H. 诺曼·赖特

你对自己表达愤怒的方式满意吗？你对自己或他人乱发脾气吗？你是不是在思考该如何应对自己的愤怒？下面我们来看一些乱发脾气的典型案例，再去思考我们该如何应对。

反应过度

你有时是不是会因为一些无关紧要的事情发怒，并且即使意识到自己发怒了，好像也无能为力？通常这样的女性很难发现自己内心的愤怒，因此愤怒很容易累积起来。愤怒累积的时间往往会持续几天、几个星期，甚至几个月，然后，因为家里或工作上的一点小事，就突然爆发了。反应过度的人经常会为过去而非现在发生的事情反应过度，这一点你要铭记于心（你甚至可以将这句话写在纸上，然后贴在你最容易看到的地方）。

如果你很容易因愤怒而反应过度，那么试着这样做：连续一至两个星期，在每天睡觉前，清点并记录一下自己当天被惹恼或激怒的次数。是什么激怒了你？你是否曾预见自己与家人或同事之间会发生矛盾？你是否曾为一些本该实现、最终却没能实现的事情感到愤怒？

当你查看自己列出的愤怒清单时，想想自己未来再遇到此类问题时该如何处理。每当你感到愤怒时，为了能立即消除这种情绪，不让愤怒继续累积，你会说些什么或做些什么？此外，当你想起那些激怒你的人时，不要想当然地认为他们的言语或行为是故意的。可以通过试着问对方一些问题来解答你心中的疑惑。这样，你可能会发现他们并不是故意的，他们甚至都没有意识到自己的言语或行为有问题，更不会想到这些会惹怒你。

错失良机

辛迪是我的一位客户，在我们的一次沟通过程中，她道出了另一个常见的难题。她说："有时候，我很想知道自己是不是发怒了，可我真的无法判断。我有时的确会发怒，但好像每次都要花很长时间才会到爆发的程度，就好像引发我愤怒的导火索是延时的。有时，一直到我真的发怒了，我才知道这根导火索被点燃了。我很难觉察到愤怒，我希望愤怒能在我最需要它的时候出现。"

和辛迪一样，很多女性会后悔自己曾错失表达愤怒的时机。在事过境迁之后，她们又会为没能说出自己想说的话而后悔。她们事后会觉得在当时的情况下，发怒对自己是有利的。这些女性通常遭遇的难题是：对愤怒反应迟钝的人不习惯，也不太会在他人面前发脾气。辛迪要想知道自己是不是发怒了，可能只有在她独处的时候才行。

如果你和辛迪一样，那么给自己安排一些独处的时间，这样你就能反思当天发生的事情和下面的几个问题：有没有什么事情原本可能会让你发怒，但最终却没有？你当时是怎么想的？你的想法是消极的还是积极的？当事情发生的时候，其他人表现得是否公正？你第一次意识到自己发怒是什么时候？当时有没有什么你想说却没说出口的话和想做却没做的事？

请你在回忆每件事情的时候，反观一下自己的情绪，看看自己是不是发怒了。如果是，就问问自己：如果我把愤怒发泄出来，那么我希望发生什么事情？接着，请找个没人的地方立即把情绪发泄出来。及时将内心的愤怒发泄出来，有助于维护你良好的人际关系，同时也能防止你的愤怒继续累积。因为当愤怒累积到一定程度之后就会大爆发。

内疚感

卡萝尔是另一位在我这里做心理咨询的女性。她跟我倾诉道："让我感到困扰的不是发怒时的怒气，而是我一旦感觉到了愤怒，就会开始内疚。到头来，我会因自己发怒而痛苦。内疚会削弱我的怒气，所以即便发怒了也不会有任何效果。我之所以会内疚，也许是因为我希望自己能控制好情绪。事实上，我更希望自己能控制住内疚，而不是让内疚去控制我的愤怒。"

卡萝尔以及很多和她一样感到困扰的女性，可以学习如何消除自己的内疚感。首先很重要的一点是，我们需要明确自己关于愤怒的观念从何而来，此外还要确认这些观念是否正确。通常当我们发怒的时候，我们的信仰和价值观会开始发挥作用，让我们产生内疚感。请拿出一张纸，记录下所有让你感到愤怒的事情，以及你发怒的具体情况及原因，确认你当时产生的愤怒是否合理。如果你觉得你的愤怒是合理的，那么请写出你觉得合理的原因。下一次当你因发怒而感到内疚的时候，就把这段话念给自己听。如果你觉得发怒是有必要的，那么请允许自己发怒。

> 给自己每天都可以愤怒的权力，但不要把愤怒表达出来。如果你能够选择不表达愤怒，就表明你已经控制住了愤怒。

如果经过了上面的尝试之后，你还是会因发怒而感到内疚，就请列出三个理由来证明自己发怒是不对的，然后列出三个理由来证明发怒是对的。给自己每天都可以愤怒的权力，但不要把愤怒表达出来。如果你能够选择不表达愤怒，就表明你已经控制住了愤怒。告诉自己：感到愤怒没什么好内疚的。用一张表记录自己在一个月内内疚的次数和程度，观察自己的进步。此外，你还需要制订一个你认为能积极表达愤怒的计划和方法。

愤怒会伤害他人

科琳找我做咨询的时候告诉我："我要是在你面前发怒了，你一定能看得出来。同样，那些惹怒我的人也一样能看得出来。我既不会掩饰，也不在乎他们怎么想。如果他们因为我的话感到伤心或难堪，那么他们活该！谁让他们惹怒我！"

愤怒会给他人带来伤害，这是个非常严重的问题。并不是每个人都像科琳一样毫不在意。许多人发现，由于她们的愤怒攻击太过伤人，她们与家人、同事及朋友的关系正在恶化。而且在很多时候，她们发怒时会攻击对方的人格而非对方的行为，这表明这种愤怒已经不属于严格意义上的愤怒了，而是一种人身攻击。以下四个措施可以帮助你改变这种伤害他人的愤怒攻击模式。

- 回想自己对别人发脾气的时候是不是太过伤人。不要去想对方说了什么或做了什么，只管想自己说了什么、做了什么，想想自己的肢体语言和手势动作是不是有过分的地方。站在对方的角度思考，假如你是他，面对这样发怒的你，你会有什么感受。
- 选两次自己成为别人发怒对象的经历，并写下你觉得当时该如何表达才能平息对方的怒火。重点记录下对方具体做了什么，以及你希望对方做的事情。设想一下，如果你告诉对方他做了让你无法接受的事情，你不喜欢他这么做的原因以及你希望他怎么做，对方会有什么反应。

- 请注意，在你使用了上面的新方法后，你有什么感受？你对自己、对对方的态度，以及你对事情的反应是否发生了变化？你现在的感觉比起以前是不是舒服多了？
- 对自己或他人做出承诺，承诺当下次发怒的时候，你会如何反应。

乱发脾气

凯茜找我做咨询的时候告诉我，她遵循的愤怒模式是将愤怒发泄到不该发泄的人身上，而且她喜欢抱怨：

就好像，我在一个射击场练射击，每次射击都打不中目标靶，还总把子弹打到旁边的靶子上。前几天我生儿子的气，结果却把脾气发泄到了女儿身上。直到爆发的时候，我才意识到自己其实是在生儿子的气，接着我又不得不处理因我乱发脾气而在我和女儿之间引发的矛盾。这种情况在我的工作中也时常发生。我常常意识不到自己在生某个同事的气，但是过些时候，我发现自己一直在抱怨！我猜我应该是发怒了，只不过是以抱怨的方式来发泄内心的愤怒。

如果你想改变这种乱发脾气的习惯，那么你首先要弄明白自己为什么不愿意直接向惹怒你的人发脾气。是因为畏惧他们的权力、地位，害怕他们对你发怒或遭到他们的排斥，还是因为这是你多年来的习惯？你是不是只会对家人、同事或某些特定群体乱发脾气？没有直接表达愤怒，你会得到什么？没有直接面对愤怒，你会失去什么？

问问你自己怎样才会直接向惹怒你的人发怒。如果那个人以后再次惹怒你，那么一定要继续这样问自己，直到有一天你能够勇敢面对他，并说出他让你感到愤怒的原因——恐惧、害怕受伤、失望等。此外，你还要坦白地告诉对方，你希望他之后能有所改变。只有用这样的方式明确告诉对方你真实的想法，才能有助于你改变之前的那种错误的愤怒应对方式。

深藏于心底的愤怒

“我是个藏得住事儿的人，”泰里说，“这些年来，我一直都认为愤怒不应该和他人分享。所以，我学会了把愤怒藏在心里，并且努力克制住这种情绪。‘把愤怒吞进肚子里’这个说法可能更贴切！我猜这也是我这么瘦的原因，我的胃承受了太多愤怒，所以再也盛不下其他东西了。我很久之前就发现了这一点，但我还是愿意继续忍受。为了不让自己发怒，这似乎只是很小的代价。”

泰里和其他许多女性一样，她们的身体成了一个“垃圾场”，里面堆积着各种因压抑愤怒而产生的“有毒垃圾”。腹痛、抑郁、高血压、心血管疾病、结肠激惹综合征和自杀等都是人们吸收这些“有毒垃圾”而出现的一些症状。泰里知道这一点，并且愿意为此付出代价。遗憾的是，许多女性虽然不知道这一点，但依然要为此付出代价。

如果你和泰里一样饱受愤怒的折磨，那么你能做些什么？首先，如果上面提到的症状在你身上出现了，同时你内心的愤怒也没有得到释放，那就想想愤怒与这些症状之间可能存在的联系。一定要和你的家庭医生讨论一下这种可能性，并请对方推荐几本与这种主题相关的书。此外，要学会记录自己的身体症状和愤怒情况，看看两者有什么联系。当你在家里、工作中或其他地方被激怒时，记录下你的身体需要花多长时间才开始对愤怒做出反应。

一旦你找到了两者之间的联系，就能更快地意识到自己的愤怒了。

另外，请你明确到底是什么让你拒绝向他人表达愤怒（如是信仰还是过去的某些经历）。请不要隐藏自己的愤怒，试着从这本书的各个章节找到适合你的应对方法，并进行适当的练习和运用。

被他人的愤怒控制

“一旦别人冲我发火，麻烦就来了，”琳达说，“我与我的家人、同事相处得都很好——除非有人对我发火，或是让我知道他们在某方面生我的气。如果是这样的话，他们就要小心了，我一定会给他们点颜色瞧瞧。通常他们会感到特别吃惊和不解。因为是他们先发怒的，到头来却被我的愤怒抢了风头。”

我们中的许多人很难在其他人发怒的时候做出回应，而且大多数人一开始的回应一般会是一种防御姿态，甚至还会伴随一种咄咄逼人的进攻姿态。有时候，我们会觉得别人不该期望我们是完美的。但是，如果我们责怪别人，说是因为别人发怒才招致了我们的反击，那么恰恰说明了我们也在期望别人是完美的。

为了能够帮助你缓解上述局面，你可以尝试采取以下措施：首先，请思考一下你正在做什么。你如何看待自己在别人发怒时的反应？你也想发怒吗？你不是最讨厌其他人对你发怒吗？你可能无法阻止别人发怒，那为什么不允许他们发怒呢？当他们发怒时，你可以采取接下来的四个步骤来应对：（1）先认真去倾听，再问清楚问题；（2）回忆你刚刚听到的话，以及对方的感受；（3）让他们知道你需要几分钟来仔细思考一下他们刚刚说过的话；（4）告诉他们你非常愿意倾听他们的想法，同时你非常能理解他们此时有多么难过。不论你采取什么方法，你都要对自己的这些新的回应方式进行反复计划和练习。

愤怒的眼泪

有时候，一些女性会用哭来表达愤怒，这让很多人感到失望。这种用哭来回应的方式尤其让男性无法理解。哭有许多种表现形式：有的人会泣不成声；有的人会热泪盈眶；有的人会借着擦拭眼泪把目光移开，或是咕哝着说自己眼睛里进沙子了；还有一些人简直就是泪如雨下。你可能会发现，在某些场合，哭比其他回应方式更容易表达内心的愤怒。对于大多数人来说，在家哭最容易，在工作场所哭则是最难的。

愤怒的眼泪更多源于内心的挫败，这种挫败可能是因为自己说的话没被另一个人听进去。愤怒的眼泪也可能是伤心的表现，因为某人的想法还没有得到表达，就直接被另一个人拒绝了。对方也许并不是真的想听你说话，对此，你可能会感到特别恐惧和愤怒。

对于某些人来说，哭比发怒更容易，还有一些人，过度的愤怒很可能会让他们气得说不出话，再加上一开始因愤怒而产生的挫败感，就会让他们特别想哭。有些人允许自己哭，但不允许自己表现出愤怒，所以他们把哭当作发泄愤怒的一种方式。你有没有听人说过："我都被气哭了。"这是一种极度伤心的表现。

如果你也经常因愤怒而流泪，那么这里有一些建议。首先，你要让其他人知道，当你感到愤怒或沮丧的时候，你很想哭，慢慢地，你要学着更直接地表达愤怒。然后，让他们知道你需要一点时间让自己平静下来，一会儿就没事了。

如果你想到了什么事情，请冷静地思考。如果你哭了，那么哭完之后，请你马上对发生的事情进行分析：发生了什么事情？彼此都说了什么？你做出了什么样的反应？你产生了哪些感受（如愤怒、恐惧、痛苦、不安、挫败）？如果在家里或工作中再次发生类似状况，那么在你觉得自己快要说不出话或快要流泪的时候，找个借口离开，去另一个房间，让自己哭出来；同时，你还要明确自己当时的真实感受。当你再回来的时候，不要因自己哭了而跟其他人道歉，要说出你最初的感受。当再次发生这种状况时，你可能会哭，或可能说出自己的真实想法。

花点时间设想下一次发怒时你该如何应对。想象一下，当你说出“我对……感到很失望”或者“现在我对……很愤怒”时会发生什么。要提前练习，这样你才有可能说出自己的真实感受，而不仅仅是流泪。

慢性愤怒

最后一个难题，也是困扰着我们大多数人的一个难题，我们称其为慢性愤怒，也叫作长期性愤怒。或许你自己多年来一直饱受慢性愤怒的折磨，或许你不得不和一个长期处于愤怒状态的人生活在一起，但是无论怎样，你都可以见证长期处于愤怒状态的人对周围人产生的巨大影响。

慢性愤怒被定义为一种集思想、行为和情绪为一体的愤怒模式，处于这种愤怒模式的女性要么在找碴儿发怒，要么在延长自己发怒的时间，或两者皆有。这种模式与回避愤怒的人所遵循的模式刚好相反。一个长期处于愤怒状态的人通常对触发愤怒的外界因素过于敏感，就好像她们会选择性地关注这些因素，并欣然接受适合自己发怒的所有时机。她们靠着直觉找出任何可能引发愤怒的刺激因素，并借此发怒，而且由于对那些能够引发愤怒的因素太过熟悉，她们对那些可能触发快乐、愉悦或害怕的因素会反应不足。

当她发现了那些能够激怒她的因素之后，她会变得特别兴奋，脑子里全是慢性愤怒伴随的想法和感受。一旦被激怒，她的精力会特别集中，这让她无法清晰、冷静地思考所发生的事情。她的精力越集中，郁积的愤怒就越多。长期处于愤怒状态的女性往往会任由愤怒驱使，从而做出冲动且夸张的行为。对于她的这种行为，我们常说她失控了。通常在这种时候，她的愤怒会升级，演变成盛怒。试图说服这种长期处于愤怒状态的女性不要愤怒往往没什么用，反而会助长她的愤怒情绪。

长期处于愤怒状态的人不可能也不会被愤怒吓退。这些人往往会对过去曾遭受的伤害和怠慢耿耿于怀。他们的愤怒状态要么是“怒发冲冠”，要么是“义愤填膺”。没有办法可以缓解他们的愤怒情绪，因为一个长期处于愤怒状态的人永远不会完全释放心中的愤怒。

长期处于愤怒状态的人的人际关系很差，而且他们的其他情绪也会因愤怒的排挤而受到压制。你现在知道什么是慢性愤怒了吗？

慢性愤怒是一个信号

慢性愤怒是一个信号，告诉我们一定是哪里出了问题。不管哪里出了问题，都值得我们担忧。但可惜的是，愤怒本身通常并不会告诉我们问题出在哪里。如果你是一个长期处于愤怒状态的人，你觉得愤怒已经在开始积聚了，那么你可以说：“我很愤怒，但是我需要慢慢来，这样我才可能知道自己为什么会发怒。”这很有用。不过，谁知道问题出在哪里呢？说不定根本没什么问题，只是虚惊一场。

慢性愤怒可能是……

一种解决生活难题的尝试。把慢性愤怒当作解决生活难题的一种手段，可能看起来像个好主意，但结果往往会适得其反。愤怒不会拉近我们和他人的距离，反而会让彼此之间变得疏远，让问题变得更加严重。我们的本意是要解决问题，但这样一来，问题可能并没有得到解决。其他人可能只是被我们吓坏了，所以不敢和我们来往了。

一种长期的习惯。习惯的养成是因为人们从这种行为中获得了某种好处。过去，愤怒可能有一定价值。但是很可惜，现如今，愤怒已经发展成一种陋习，成了一种多余的东西，早就没什么价值了，愤怒只会制造问题。对于长期处于愤怒状态的人，愤怒这种习惯实际上在控制着他们的生活。那些想要由自己来掌控一切的人，可能不太乐意接受这样的说法。

一种控制他人的手段。控制欲强的人经常把愤怒当作一种控制手段。有些人认为愤怒是掌控一切或使他人听话的唯一方法。这种被利用的愤怒通常被称为“工具型愤怒”，工具型愤怒不同于“表达型愤怒”。工具型愤怒不仅对家庭环境有非常负面的影响，同时也会破坏工作环境。虽然有社交障碍的人会利用工具型愤怒控制他人，但这类人通常既不喜欢听到这个说法，也不会承认自己属于此类型。

一种想赢得地位的尝试。有些人觉得只要他们愿意冒险制服他人，尤其是将那些处于权威地位的人踩在脚下，他们就能赢得尊重、地位或众人的膜拜。这类人被叫作“莽夫”，或者被贴上其他更糟糕的标签，但是他们不介意，这些标签反而让他们得到了自己想要的关注。为了能够维持住别人对他的认可和尊重，他们需要不断地去寻找各种借口来让自己发怒，他们承担不起愤怒减轻或消除的后果。有些人甚至会到处吹嘘自己的震慑力，但通常他们——尤其是年纪大一些的女性——的内心深处，渴望着能拥有温柔、积极、友爱的人际关系，这样才会有更多人愿意接近他们。

一种与他人保持身体与情感距离的方法。那些发现自己很难接受亲密关系的人，可能会把慢性愤怒当作一种和他人保持距离的手段，就好像他们举着“禁止擅闯”或者“小心我会咬人”的指示牌。当你非常愤怒的时候，确实会让人远离你的生活，即使那可能不是你的本意。有些人其实只是想让他人暂时离开一小会儿或偶尔离开一下，但大家听到的信息可不是这个，他们听到的是：“我希望你永远离开我的生活，走远点，别回来！”

一种维系情感关系的黏合剂。有些夫妻从早吵到晚，他们的关系就是由这种紧张感维系在一起的，老话说得好：“床底下的夜壶——见不得又离不得。”这些夫妻经历的痛苦，以及他们的行为给孩子树立的榜样，都让人叹息。孩子们从父母身上得知：亲密关系只有靠冲突才能建立起来。如果夫妻一方渐渐不用愤怒的方式来回应对方了，这段关系可能就会崩溃；因为没有了愤怒，夫妻双方不知道该如何相处。

一种抵御羞愧和防止自尊心被他人伤害的手段。当你感到羞愧的时候，你会觉得自己一身毛病、低人一等、毫无价值、一无是处。当你受到他人攻击时，你能采取的最典型的回应方式就是发怒。每当你感到羞愧的时候，你的愤怒情绪就会刻在你的记忆里。当下一次发生这种状况时，你就不仅仅是因为眼前的状况而感到愤怒了，还得算上你的记忆中积累的所有的愤怒史。这样一来，你会陷入巨大的愤恨和痛苦之中。这些记忆会持续发酵几周、几个月，甚至是好几年。我在咨询过程中曾目睹一些人在回忆若干年前的愤怒时，情绪依然无比激动，就像事情是当天发生的一样。有些因羞愧而感到盛怒的人会变成施虐者，他们觉得自己有权攻击他人，因为别人先伤害了他们，所以他们相信自己的所作所为是正当的。

一种对恐惧、悲伤以及爱等其他情绪的自我防御。这些人可能自己都不知道他们的愤怒是为了掩盖其他情绪。然而，与悲伤或恐惧相比，愤怒能让他们感到更加舒服自在。如果一个人害怕与人相爱后伴随而来的亲密关系，那这个问题一遇到愤怒就会迎刃而解。

一种义愤填膺的表达。我们的世界存在太多问题和不公，所以我们相信自己有权愤怒。我们认为，我们应该愤怒。这个社会必须有人去攻击那些持有不同观点和恶俗想法的人，所以从道德的角度来讲，我们的行为是正当的。但是在很多时候，我们攻击他人可能并不出于道德原因，而出于我们的自我优越感。有时，虽然这种正义的愤怒看起来是正确且恰当的，但实际上它显得非常离谱。这种愤世嫉俗与蔑视一切的态度会影响我们对愤怒的表达。可惜的是，这种正义的愤怒往往很容易为人所用，因为他们可以借此来制服那些反对他们的人，对他们来说，这似乎就是胜利。

> 与悲伤或恐惧相比，愤怒能让某些人感到更加舒服自在。

一种让人兴奋的手段。愤怒的最后一个目的有着几乎让人上瘾的魔力。由于愤怒承载着巨大的能量，有些人厌倦了普通生活的枯燥无味，而愤怒能让他们变得兴奋起来，或者由于肾上腺素的激增，他们可以体验到"嗨"的感受。因此，这些人会找各种借口让自己愤怒，甚至想通过愤怒来获得他们平时在其他方面永远体验不到的刺激。

探索慢性愤怒的替代方式

你可能有一些发泄愤怒的习惯，有的是语言方面的，有的是身体行为方面的，比如皱眉、瞪眼、打响指、拍大腿、大喊大叫、咒骂、摔门、用刀把蔬菜切成小块等。

如果你已经开始出现上述行为，那么说明你的愤怒即将爆发。请你先回答以下问题："你想换一种方式来应对愤怒吗？"当然，我并不是问你是否想要改变，毕竟你从愤怒中得到过不少好处。或者你也可以尝试去控制自己的愤怒，你一定会发现更多的好处。也许你不相信自己能够有所改变，那就换一种方式来生活，即换一种不那么愤怒的方式来生活，你会发现更多的美好。

一旦你的脑海中浮现出你在用不同方式来表达愤怒的画面，就意味着，在后面的过程中，你并没有完全放弃自己一贯的愤怒方式。你只是暂时把它搁置一段时间，因为你要探索另一种方式，以便找到自己长期处于愤怒状态的原因。如果新方式在大量尝试后不奏效，或者没有给你带来更大的好处，你就可以把这种方式永远放弃，回归之前的方式。

我发现很多事情说起来容易，做起来难。但是，我们也相信事在人为。请仔细阅读本书的其他章节，各个章节中均给出了一些实用的措施，帮助我们通过各种新的尝试来做出改变。事实上，许多人通过反复尝试与体验，已经发生了巨大的变化。所以，为什么不牢牢抓住这个机会，努力尝试，变成更好的自己呢？现在，请把自己想象成一个不会发怒的人。为自己设计一个愿景，想象一下你希望自己未来成为怎样的人，而不要去想自己曾经是个怎样的人。

想一想你发怒时的状态

1. 你发怒的时候会希望发生什么？

2. 你发怒的时候是否会内疚？内疚到何种程度？

3. 回顾本章中出现的所有问题，并写出每个问题的答案，通过认真查看自己写出的答案会对你产生重大影响。

4. 描述一下你希望在生活中如何应对愤怒。

第 14 章

如何应对愤怒

It's Okay to Be

Angry

A Woman's Guide to Healthy Emotions

加里·J. 奥利弗

安娜说："每次我发脾气，对查克或者孩子们大吼大叫的时候，我都觉得自己是个彻头彻尾的失败者。我发誓，我再也不会这样了……但我知道，自己肯定还会再发作。"

你认为安娜的愤怒属于哪种风格呢？是奶油泡芙型、火车头型，还是钢木兰型？当我和一些女性朋友分享这个案例时，大多数人觉得安娜一定属于火车头型，但实际上，安娜是奶油泡芙型——当奶油泡芙型的人承受太长时间的压力后，通常也会失控。

安娜和查克已经结婚 14 年了，他们有四个孩子。她和蔼可亲，丈夫和孩子们很爱她，朋友们也很敬重她。当安娜非常平静、温柔地告诉我，她在应对愤怒情绪方面需要帮助时，我有点惊讶。

安娜告诉我，她父亲很容易发怒，她父亲曾明确表示自己是一家之主。当安娜说话的时候，我能从她的声音里感受到她内心的痛苦与怨恨。"父亲喜欢用拳头说话。我发誓，长大后绝不会成为像我父亲那样愤怒的人，"安娜继续说，"我记得父亲曾说过'是上帝派他到这个家里来掌管一切的'，显然，谁反对他，谁就是在质疑上帝。"

所以，安娜长大后相信，成为一名优秀的女性意味着要安静、顺从、随和、知足、不发脾气。就像孩子一样，要乖乖的，不要轻易发表意见。从小就有人不断地向安娜灌输着这样的观点，而且她的身边有个好榜样，那就是她的母亲。“我的母亲既善良又温柔，我从来没有听过她反对父亲，一次都没有。”每当她想要反对父亲的时候，父亲都会给她甩“脸色”，所有人都知道那是什么意思。

安娜和查克是在一所基督教大学里相识的，他们谈了两年的恋爱，在查克毕业那年，他们结婚了。在结婚 10 个月后，安娜和查克有了第一个孩子，在接下来的四年里，他们又有了三个孩子。由于第一个孩子的出生，安娜没能完成大学学业。

查克在毕业后又继续攻读了一个法学学位，然后入职了一家大型律师事务所。前几年，查克每天加班，家庭生活要以他的时间安排和需求为中心。“白天，陪伴孩子们吃喝玩耍的是我，半夜，爬起来给孩子们喂奶、换尿布的也是我，这似乎不公平，”安娜告诉我，“但是我会为自己产生这种想法而感到内疚，所以我从来不会对查克说些什么。”

这既不是说查克有多么自私和差劲，也不是说安娜没有好好享受和珍惜全职妈妈的生活。事实是，他们夫妻二人都是很好的人，安娜也非常喜欢做全职妈妈。问题在于，查克和安娜都受到原生家庭“女性不应该有太多想法、观点和个人感受”等观念的影响，在这样的家庭里，女性的想法、观点和需求是不被重视的。

“起初，我从来没有向查克表达过自己的需求，”安娜说，“因为我自己都不是很了解自己的需求。”当她开始慢慢地了解自己的需求时，她试图无视它们。当她无法再继续选择无视时，她便开始努力地为这些需求赋予一定的精神内涵。“我真的相信，只要我足够真诚、努力地祈祷，我就不会再感到痛苦和失望了。”安娜的问题不在于她祈祷，而在于她停滞不前，没有将做出的祈祷付诸行动。

“当我意识到我再也不能回避自己的感受时，为时已晚。”安娜和查克的关系已经陷入僵局，两人就快变成已婚单身族了。安娜的健康状况每况愈下，医生却找不到任何原因来解释她身体出现的问题。在我们共同努力的最后阶段，安娜说："想想过去，现在我清楚地明白，我的婚姻问题和身体问题是想引起我的注意。"

虽然安娜来找我是为了能够更好地应对自己的愤怒，但我们并没有一开始就针对愤怒问题展开讨论。我先帮安娜普及了一些基础知识。只有建立在正确认知的基础上，安娜才能够去了解愤怒这种人类与生俱来的情绪，并开始改变她根深蒂固的愤怒模式。

下面我来分享一些具体的方法步骤，来说明如何改变愤怒对安娜生活的影响。为了改变根深蒂固的愤怒模式，安娜明白她需要在三个不同的时间节点——发怒前、发怒时、发怒后——分别采取措施。

发怒前

> 应对愤怒的最佳时间是发怒前。

应对愤怒的最佳时间是发怒前。为什么？因为在愤怒爆发之前，我们需要抓住时机对那些让人感到气馁、失望、痛苦的情况及时进行处理。

只有你提前做好了准备，你的想法才不那么容易受到愤怒的影响。如果你等到自己发怒后才试图去理解、应对这种情绪，那就太晚了。所以，请你在意识到自己即将发怒时，问自己以下五个重要问题。

我的愤怒有问题吗

如果只是偶尔感到愤怒，并不能说明你的愤怒有问题。愤怒是一种与生俱来的情绪，是日常生活中一个正常的组成部分。到目前为止，我们已经认识到了合理的愤怒潜藏着巨大的好处。

愤怒，只有在我们不知道如何让其履行它的职能时，才会变成问题；只有在我们拒绝、压制、忽略、无视它时，才会变成问题；只有在我们任由之前那些愤怒模式操控自己时，才会变成问题；只有在我们无视它的警告，吃了亏、上了当之后才会变成问题。愤怒一旦失控，并且演变成更具破坏性的情绪，如敌对、盛怒和攻击，就必然成为问题。换句话说，当我们没有学会用合理的、有助益的方式发怒时，愤怒就是问题。

有哪些迹象表明“我可能发怒了”

我们之前已经了解到，愤怒有很多不同的表现形式，人们会变换各种方式来隐藏自己的愤怒。由于愤怒具有不少负面影响，而且人们往往不愿承认自己的愤怒，因此愤怒可以赢得“最容易被贴错标签”情绪奖。

奶油泡芙型的人最不愿意承认自己的愤怒。因为安娜认为自己是一块“经过认证的奶油泡芙”，所以我鼓励她复制一份第 5 章描述愤怒表现形式的词表。我给了安娜两周时间，让她认真查看词表中的哪个词准确地描述了她正在经历的情绪，并在旁边打钩。

安娜发现，多年来，她的愤怒被很多其他情绪掩盖了，例如烦躁、恼怒、暴躁、恼火、抱怨、不爽和敏感。这项简单的练习表明，安娜在经历上面任何一种情绪时，都表现了她的愤怒。

何时最容易发怒

在两周内，安娜写了一份愤怒日志（参见第 6 章）。通过认真地撰写自己的愤怒日志，安娜第一次发现，原来在某些特定的时间和情况下，她更容易发怒。

安娜发现自己在准备晚饭的前后两个小时内最容易烦躁；每周日的早上，为了能让全家准时到教堂做礼拜，她在整个准备过程中都特别容易焦躁；查克不能按时回家却没提前跟她打招呼，也会让她冒火；家里有谁不愿意听从她的安排，她更是气得不行。

通过确定这些“危险地带”，安娜可以有效地减少自己在上述情况下的发怒次数。请相信，这个办法对你也会有非常大的帮助。

我的愤怒模式是什么

对我们很多人来说，愤怒源于对某件事或某个人产生的负面情绪。首先，我们需要学会控制这种情绪。

了解自己属于哪种愤怒风格能引导你朝着健康有益的方向去改变。当然，除了要明确自己的愤怒风格外，你还要确定自己有哪些愤怒迹象。有时，我们是最后一个知道自己发怒的人。我的朋友艾伦就这样，每次在他发怒前，他的狗都能提前知道。艾伦说话语气一变，他的喜乐蒂牧羊犬就会低下头，然后灰溜溜地跑去另一个房间。

你是如何判断出自己发怒了？你的孩子、爱人或朋友是如何知道你发怒了？你说话的时候嗓门很大吗？语速很快吗？脸会变红或者瞳孔会放大吗？你会开始冒汗吗？你的胃有翻腾的感觉吗？你觉得自己想扔或者想砸东西吗？你想逃跑，然后躲起来吗？你的身体会紧绷吗？你的脉搏会加快吗？你很难集中注意力吗？你会在那件激怒你的事情上纠结而无法自拔吗？

只有深入地了解过去所犯下的错，我们才能知道如何在未来更有效地予以改正。错误可以说是我们最伟大的老师之一，而且由于错误已经铸成，我们也为此付出了代价，因此我们不需要再付出额外的情感代价了。但如果我们不去了解自己所犯下的错误，我们就会为此付出更多的代价！

如果你想要了解哪些迹象表明自己发怒了，最好的方式就是对自己过去的经历进行分析。除了撰写愤怒日志，画愤怒曲线图也能帮助你找到自己愤怒的迹象（见图 14–1）。在曲线图中的五个“标签”旁边，你可以写出自己愤怒的迹象。曲线代表了你的愤怒程度，随着曲线变陡，你的愤怒强度逐渐变大。

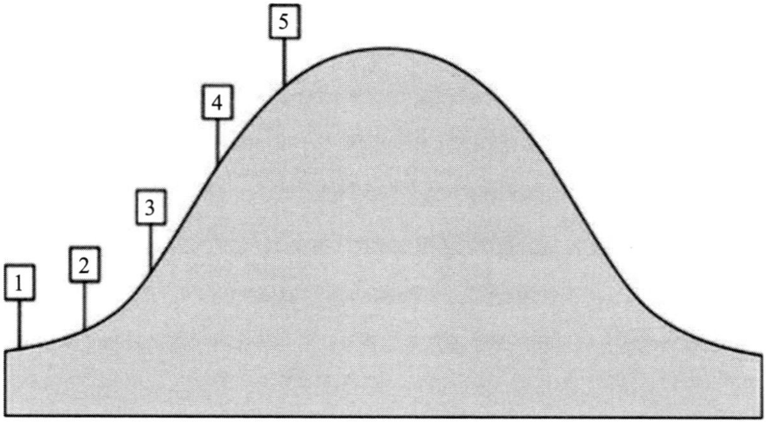

图 14–1 愤怒曲线图

在安娜的愤怒曲线图（见图 14–2）上，她的第一个愤怒迹象是想要逃避，第二个愤怒迹象是感觉被激怒了。此时，她开始意识到自己的心跳加快，语速也变快了。她开始变得沮丧，说话声音也逐渐变大，开始挑剔、指责别人。随后，很快她就开始大吼大叫，言辞极其刻薄。安娜画完自己的愤怒曲线图后，我鼓励她把这幅图复印一份保留下来。

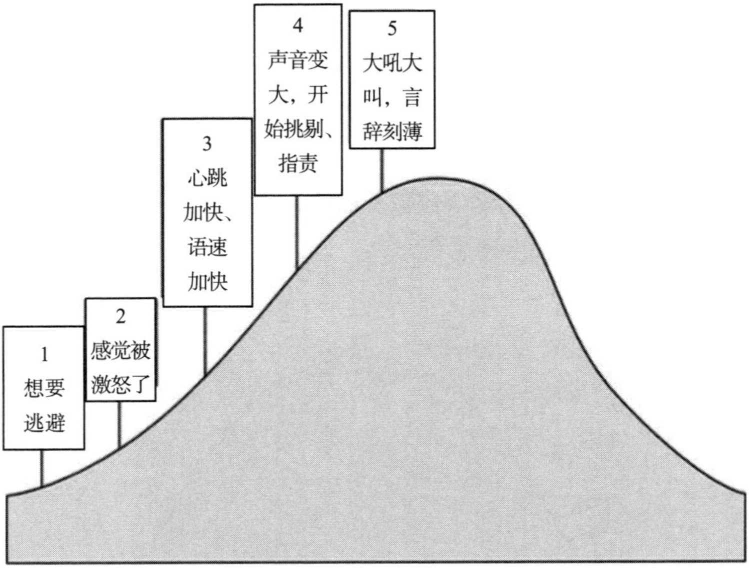

图 14-2　安娜的愤怒曲线图

如果愤怒到达第 4 阶段或第 5 阶段后，曲线坡度不再上升，而是逐渐下降，那么情绪就不会失控。这时，你所投入的精力就可以被用来解决问题，而不是被愤怒消耗掉。

积极地应对愤怒情绪有哪些好处

此刻，你可能很想对自己说，应对愤怒这种情绪要做的事情比自己预期多得多，这样做真的值得吗？很多人发现，想要回答这个问题，最好的办法就是不断地提醒自己“了解愤怒并学会如何恰当地表达愤怒到底有哪些好处”。

有些人认为，对于过去的事情，不处理、不沉溺，就是在做正确的事情，但两者之间是有很大区别的。

我们询问过很多女性：“积极地应对自己的愤怒情绪有哪些好处？”下面是她们给出的一些回答：

- 有助于我们的身体健康、情绪健康、思想健康和精神健康；
- 赋予我们更多力量，帮助我们做出艰难的选择；
- 改善我们的婚姻；
- 改善我们与孩子们的关系；
- 减轻我们对他人愤怒的恐惧；
- 为孩子们处理这种情绪树立好的榜样；
- 帮助我们以正确的眼光看待事物；
- 帮助他人更好地了解我们；
- 帮助我们明确自己的个人底线，并保护我们的个人底线不受侵犯；
- 帮助我们保护自己的身体和情绪不受侵犯；
- 赋予我们力量和勇气，将自己从受害者的角色中解救出来。

发怒时

一旦你意识到自己已经开始发怒了，那么请回答下面四个简单的问题，让愤怒这种情绪为你所用，而不是伤害你。

你愿意承认自己很愤怒吗

承认自己很愤怒，对很多人来说听起来容易做起来难。虽然安娜能轻轻松松地跟别人说自己很烦躁、郁闷、恼火、焦虑、不高兴、敏感，但她不会承认自己很愤怒。“比起承认自己很愤怒，说自己烦躁或郁闷让人感到更舒服，也更容易让人接受”。

承认自己很愤怒，对很多人来说听起来容易做起来难。

其实很多人和你一样，感觉自己很难说出与愤怒相关的任何字词。

要想克服这一心理障碍，你首先要做的是默默地向自己坦诚自己很愤怒这一事实。其次，你可以在自己一个人的时候，大声地对自己说“我觉得我很愤怒”或者“我很愤怒”。你可以尽情地放大音量、提高语调，来准确地表达出自己愤怒的程度。最后，你可以找一个自己信得过的人，告诉对方你的愤怒以及愤怒的原因。你会发现，向他人承认和讨论自己的愤怒这么一个简单的动作，居然能大大缓解你的不适和恐惧。

另外，你还会发现，你根本没有办法阻止自己发怒，你唯一能做的就是承认自己的愤怒，确定愤怒的原因，并把你的注意力从攻击他人转移到解决问题上面。

你愤怒的原因有哪些

请注意，我这里说的是“哪些”而不是“哪个”。因为愤怒的原因往往不止一个，愤怒通常是由多种因素共同作用的结果。请记住，愤怒几乎总是一种继发性情绪，它的产生总是伴随着其他事情的发生。你的愤怒可能表明你正在做的某些决定是错的，或者你允许别人对待你的方式是错的。

当我们思考可能导致愤怒的原因时，需要先排除两类原因，这一点很重要。首先，我们必须确保自己的愤怒不是因罪恶或自私而产生的。没错！罪恶造成的严重后果之一就是让我们仅关注于满足自己的需求。

我们生来就是自私的，我们想要什么就要什么，想什么时候要就什么时候要。当我们无法做到每次都如愿以偿时，当我们没有得到自己认为应有的对待时，当我们看到别人得到了我们认为应属于自己的东西时，我们就很容易发怒。如果你的愤怒是因自私而生，那么你需要首先承认自己的自私，然后寻求一些切实可行的方法来改变自己。

我们要排除的第二类重要原因是过于敏感。如果自己过于敏感，愤怒就容易变成一场虚惊。我的一个好朋友最近在自己的新房子里安装了一个报警系统。在住进新家的第一个星期，他们就收到了 11 次错误警报。我朋友最后发现，原来是报警系统的敏感等级设置得太高了。如果我们把敏感等级设置得太高，就可能在什么都没有发生的情况下采取防范措施。其实，当什么真的都没有发生时，我们完全可以选择忽略。否则，我们很可能会把子虚乌有的事情想得特别糟糕。

如果你已经排除了罪恶、自私或过于敏感等原因，就说明你已经做好了开始学习如何确定愤怒的原因的准备。起初，安娜发现确定愤怒的原因并不容易。然而，经过一段时间的仔细观察、记录并分析自己的愤怒日志，安娜发现失望是导致她愤怒的主要原因。每当她为某件事情感到失望时，她都没有给予重视。“每当我为某件事感到失望时，我会不断地告诉自己‘没关系，那不重要’，但实际情况却是‘它很重要’。”如果你撰写了愤怒日志，那你就已经有了一个愤怒清单，清单上列出的大多是最常见的、最有可能导致你愤怒的原因。对于如何撰写愤怒清单，请参阅本书前面的章节。

除了确定了那些导致愤怒的具体原因外，安娜还发现了一些导致她失望的因素。首先就是身体疲惫，特别是由高强度压力造成的身体疲惫。其次就是她对自己和他人的要求过于追求完美。安娜从小就受到“尽善尽美”的人生观的教导，所以她总觉得自己或他人的表现不够完美。安娜确定的最后一个因素与性别问题有关。安娜说：“虽然我不是女权主义者，但是，如果仅仅因为我是女性，别人就觉得我低人一等、不够聪明、没脑子或者是劳碌命，那会让我感到特别沮丧。”

虽然你的情况可能和安娜不一样，但安娜用来改变愤怒模式的方法，对你也同样有效。

最适合你的应对方式是什么

你知道自己很愤怒，你还确定了至少两种造成你愤怒的原因。

现在你必须确定自己能做些什么。生活中与愤怒相关的情况一般有三种：（1）自己能控制或改变的情况；（2）自己能影响的情况；（3）自己无能为力的情况。

试图改变自己无能为力的愤怒情况，只会让你更加失望。

如果这件事是你能改变或影响的，那就请拿出一张纸，列出你的解决办法。不要担心自己的想法实不实用，尽可能在纸上多列一些你能想到的解决办法。刚开始的两三次你可能会写得很慢，但是一旦掌握了窍门，你就会惊讶地发现原来自己那么聪明。

如果你觉得列出的某个解决方法比较得当，那就尽快确定你的这些解决办法要和谁沟通、什么时候沟通、怎么沟通，对方才能乐于接受你的想法，还要确定一下你们能沟通多长时间。

有一个很好的经验，即只要意识到自己出现了情绪问题，只要你有时间去选择自己的表达方式，就请立即应对，越快越好。愤怒的程度有强有弱，如果你的愤怒程度微弱，那么你通常都能够立即应对。

但是，如果你的愤怒强度为中等或强烈，那么最明智的做法是先花点时间去思考。“不轻易发怒者胜过勇士。”为什么？因为不轻易发怒的人可以集中精力并引导自己的力量。

不易动怒的心灵让我们更加明晰、智慧。“内心急躁”和“内心恼怒”相似，危急时刻恼怒或急躁只会让问题变得更糟。

最好的办法是把愤怒发泄在你痛苦的源头，但如果你已经认定了愤怒一定会破坏人际关系，那这个方法对你来说恐怕有点困难。虎口拔牙的唯一方式就是行动起来。挑战误解，冒险用爱说真话。

无论如何，都要让自己学会宽恕和原谅他人。在某些时候，我们必须选择放手。在来我这里咨询的朋友中，有的人似乎特别喜欢纠结自己为什么愤怒。不过，仅仅选择宽恕是不够的，你还需要跟对方说："我很愤怒，因为你对我来说特别重要，所以我想告诉你我愤怒的原因。"如果对方没办法或者不愿意听你说话，那就写一封信来说明你的感受。

既然已经决定要做什么，那么该从哪里开始呢

一旦你决定了要应对自己的愤怒，要用一种合理的方式来表达愤怒，那么接下来就要切实地去做这件事了，对很多人来说这是最困难的。你可以选择一个你信得过的人陪你一同迈出这困难的第一步，你会发现这很有帮助。安娜知道她和很多人有过不愉快的经历，所以能和她一起培养新技能的最佳也是最稳妥的人选，就是她的丈夫查克了。我建议你也找一个你能信得过的人，然后和对方一同开始培养这个应对愤怒的新技能。

很快，机会就来了。有一次查克回家晚了，安娜很不开心，但她没有发怒，而是重申了对查克的承诺，即要培养日益健康的婚姻关系。这个承诺对他们二人都很有帮助，承诺的内容是："无论表面如何争吵，你对我都很重要。我对你的爱和感激值得我为这段婚姻努力奋斗。"

发怒后

无论你是否成功地驾驭了情感的激流，这一切都还没有结束，你还需要认真地总结。

我从这段经历中学到了什么？你只有对这个重要的问题进行了回答，才算完成了这一学习过程。

从自己的经历中多多总结经验，问自己以下几个问题：事情进展如何？你觉得自己和平常有何不同？你有什么惊喜的发现吗？如果让你重新开始，那么你会做得更好吗？

画一画你的愤怒曲线图

画几张空白的愤怒曲线图，然后填写属于自己的愤怒状态，之后让你的爱人、孩子或朋友各自为你画一张属于你的愤怒曲线图。

It's Okay to Be Angry authored by Gary J. Oliver, PhD, and H. Norman Wright, DMin

ISBN 978-0-8007-2953-0

Originally published in English under the title It's Okay to Be Angry By Revell, a division of Baker Publishing Group of Grand Rapids, Michigan, 49516, U.S.A.

北京阅想时代文化发展有限责任公司为中国人民大学出版社有限公司下属的商业新知事业部，致力于经管类优秀出版物（外版书为主）的策划及出版，主要涉及经济管理、金融、投资理财、心理学、成功励志、生活等出版领域，下设“阅想·商业”“阅想·财富”“阅想·新知”“阅想·心理”“阅想·生活”以及“阅想·人文”等多条产品线，致力于为国内商业人士提供涵盖先进、前沿的管理理念和思想的专业类图书和趋势类图书，同时也为满足商业人士的内心诉求，打造一系列提倡心理和生活健康的心理学图书和生活管理类图书。

《让女性受益一生的理财思维》

- 理财博主专为女性量身定制的理财思维书。
- 让女性学会与金钱打交道，提升赚钱能力，用自身财力给予自己想要的财富安全感。

《与情绪和解：治愈心理创伤的 AEDP 疗法》

- 加速的体验性动力学心理治疗（AEDP）创始人戴安娜•弗霞博士、AEDP 认证治疗师和督导师叶欢博士作序推荐。
- 借助变化三角模型，倾听身体，发现核心情绪，释放被阻断的情绪，与你的真实自我相联结。
- 让你在受伤的地方变得更强大。